PYTHON × MATH SERIES

Pythonで理解する 微分積分の基礎

CALCULUS WITH PYTHON

井口和之 著　　辻 真吾 監修

技術評論社

シリーズ刊行によせて

　日本の江戸時代は、1600 年ごろからはじまり約 260 年間続きました。それ以前の時代と比べ平和で安定したくらしのなかで、さまざまな文化や芸術が生まれました。江戸時代の中期 17 世紀の終わりは、日本の数学者関孝和が多くの業績を残した時期です。時を同じくしてヨーロッパでは、ニュートンとライプニッツが微分積分をどちらが先に確立したかで争っていました。誰がどのような形で生み出したにせよ、人類が微分積分という概念を活用し始めてから約 300 年、この間に微分積分は現代の科学技術を支える必要不可欠な道具になりました。物理学の発展は、微分積分を含む数学に支えられてきました。物理学の 1 つである電磁気学の体系なくしては、携帯電話もコンピュータも作れません。微分積分を知らなくても生きていけるかもしれませんが、現代の科学技術を利用するとき、微分積分とまったく関係しないということはほとんどないでしょう。

　みかんの個数とリンゴの個数を例に、足し算や引き算を学ぶことは簡単です。微分積分は、この足し算や引き算と何ら変わりません。微分は引き算、積分は足し算です。学ぶ者を困らせるのは、計算の対象がみかんとリンゴではなく関数だということでしょう。関数にはさまざまな種類があります。また、関数自体が抽象的な概念なので、どこが足し算でどこが引き算なのかがわかりにくくなってしまいます。関数が解になる微分方程式が出てくるとさらに難しくなります。

　数学は高度になると抽象度が増します。抽象的な概念をそのまま理解できる人はほとんどいないでしょう。具体例や視覚的な解説があった方が、絶対にわかりやすいはずです。コンピュータを使うと複雑な関数のグラフを簡単に描くことができます。本書には、微分や積分の理解を助ける視覚的な具体例がたくさんあります。また、微分や積分の計算自体もコンピュータがやってくれます。簡単な微分の公式さえ忘れてしまっていても大丈夫です。微分方程式もコンピュータが解いてくれます。重要なことは本質的な概念を理解することです。コンピュータを使って数学を学習すれば、このことに集中できます。私は、数学教育はコンピュータを前提としたものにすべて作り替えるべきだと考えています。少し大それた意見ですが、本書を通じてこの思いを新たなものにしました。

微分は引き算、積分は足し算ですので、実は関数を考えなくても微分積分の概念は理解できます。実際に本書では、具体的なデータを使って微分積分の計算を解説している箇所もあります。このことが理解できると、今度は逆にデータを理解して活用するスキルの1つとして、微分や積分の概念が使えるようになります。データサイエンスの重要性は増すばかりです。数学の学習を通じて手に入れた考え方が、データから新たな知識を得るために利用できます。概念の本質的な理解は、汎用的な力を持っているのです。

　高性能なコンピュータが、1人1台で使えるほど普及したのは、この20〜30年の出来事です。間違いなく人類史上もっとも恵まれた環境です。1人でも多くの方が、コンピュータの助けを借りて数学の理解を深めていただければ、まさに監修者冥利に尽きると言えます。

　　2022年3月　辻　真吾

はじめに | INTRODUCTION

　Python は読みやすく書きやすく、プログラミング初学者にもやさしいプログラミング言語です。それでありながら、データ処理と分析のためのライブラリや、人工知能や機械学習のためのライブラリなどが充実しており、科学技術計算やデータ分析など多くの分野で活用されています。

　本書で Python を用いて解説を試みる微分積分は、現代社会を支える多くの技術の根幹となる数学です。近年注目されている人工知能は、微分などの数学に基づいた計算を使用しています。コロナ感染者数の予測では微分を使用した微分方程式が利用されています。微分積分は、理工系分野において必須の学問であることは言うまでもなく、経済学などの理工系以外の多くの分野において活用されている、多くの方にとって学ぶ意義がある学問です。

　しかしながら、微分積分の学習を挫折するケースは少なくありません。原因として次のことが考えられます。

- 微分積分の基礎となる数学の知識が必要

- 多くの公式を使いこなし、複雑な計算をする必要がある

- 微分積分を学ぶ意義が不明確で、受験科目でなければ学ぶモチベーションを持てない

微分積分は有用性が高い学問であるにもかかわらず、これは由々しき事態です。

　本書は、Python を活用して微分積分を解説します。複雑な計算とグラフの描画は Python に実行させ、Python が出力する結果とグラフを読み解くことに注力します。もちろん、数学の学習において紙とペンを使い手計算をすることは、数学の理解を深めるための重要な要素であり、学習者の論理的思考力や情報処理能力を伸ばすことは言うまでもありません。ただし、数学のエッセンスを理解して数学をツールとして活用するために、コンピュータを使用した数学の学習は効率的な学習方法とも言えます。

　「とりあえず Python に計算させてみよう」と、軽い気持ちで数学の学習を開始してみましょう。Python が、微分積分の学習において、大きな武器となることを本書を通じて読者のみなさんにお伝えします。

本書の構成

本書は 8 章から構成されており、大きく 3 つのパートに分けることができます。

■Python 数学の基礎

本書の最初のパートでは、Python の記号計算（数式処理）ライブラリである SymPy の使い方を学び、続いて微分積分の学習に入るための数学の準備をします。

1 章では、Python における数学の計算方法を解説します。具体的には SymPy を使用した式の展開、因数分解、方程式を解く方法を見ていきます。

2 章では、Python を使用した関数のグラフの作成方法を学びます。2 次関数、三角関数、対数関数、指数関数のグラフを作成し、これら関数の特徴を見ていきます。

■微分積分（基礎編）

2 つ目のパートから微分積分の学習が始まります。基礎編では、主に高校数学で学ぶ微分積分を学びます。

3 章では、微分積分を理解するための準備段階として極限値を学びます。極限値の計算についてのイメージを、グラフを作成することで確認します。Python を使用した極限値の計算方法を学びます。

4 章では、微分の基本となる考え方を解説します。変化率の概念と、関数の平均変化率、微分係数を解説します。Python を使用してさまざまな関数の微分を計算することで、微分の理解を深めます。

5 章では、微分の使い方を解説します。微分を使った接線の方程式の計算と、関数の極大・極小の計算を学びます。関数の近似について、1 次近似とテイラー展開を解説します。

6 章では、積分を解説します。積分の基本となる考え方を「和の計算」と「微分の逆演算」の役割の視点で解説します。Python を使用して、さまざまな関数の積分計算と面積の計算をします。

■微分積分（応用編）

最後のパートでは、微分積分の応用編として最小二乗法と微分方程式を解説します。

7 章では、多変数関数の微分を解説し、機械学習の最適化の基礎となる最小二乗法を学びます。多変数関数の微分では、2 変数関数を例に偏微分、全微分について学びます。2 変数関数の極大・極小の計算と、最小二乗法について解説します。

8 章では、微分方程式の基礎を解説します。物体の運動を表す運動方程式や、生物の個

体数の変化を表す微分方程式を例にして、微分方程式について学習します。

　7章と8章の内容は独立しているため、どちらのパートからでも読みはじめることができます。

対象読者

　本書が役に立つ読者は、以下のような方々です。

- Python を実際に動かして数学を勉強したい方

- 微分積分の基礎を学びたい方、もしくは学び直したい方

- Python に数式処理をさせたい方

　Python のインストール方法と基本文法は、サポートページにて解説しているため、これから Python を始める方はそちらを参照してください。ソースコードには適宜コメントを入れているため、手を動かしながら学んでいくことで、Python の使い方も習得できます。

　一方で、本書が必ずしも役に立たないかもしれない読者は以下のような方々です。

- 定理の証明が知りたい方

- 解析学としての解説が欲しい方

- 微分積分の計算の手法の解説と大学定期試験対策が欲しい方

　このような方々は、世の中の優れた数学書を参考にしてください。本書において「コンピュータと Python」で微分積分を学習した後に、さらに学習を進める読者の方は、巻末の参考文献を参照してください。

読み始める前に

執筆内容の環境

　本書のコードは次の環境で実行できることを確認しています。

パッケージ名	バージョン
python	3.9.7
jupyter-notebook	6.4.5
sympy	1.9
numpy	1.20.3
matplotlib	3.4.3
scipy	1.7.1

サポートページ

本書で用いるコードやデータは以下のサポートページに公開されています。

```
https://github.com/ghmagazine/python_calculus_book
```

本書で使用するデータは上記ページからダウンロードしてください。

ディレクトリ構造

本書のコードは、次のディレクトリの階層構造を想定しています。

```
├ notebook/
└ data/
```

notebook に Jupyter notebook を、data に使用するデータを置いてください。学習環境に合わせて階層構造を変更する場合は、本書掲載のコードを適宜修正してください。

コードの出力

本書のコードは Jupyter notebook の形式をとり、コードの入力と対応する出力を次のように表記します。

```
In [1]:

 1 + 1

Out[1]:

 2
```

印刷の都合上、本書で掲載しているグラフの線の色と、Jupyter notebook が出力するグラフの色が異なる点に注意して読み進めてください。

目次 | CONTENTS

CHAPTER

01

TITLE

SymPyの基礎

Python を使った数学の学習を始めましょう！　「数学の学習」という言葉に身構える方もいるかもしれませんが、ご安心ください。Python を使えば、数学で必要となる多くの計算を、簡単に実行できます。紙とペンで手計算をする必要はありません。ここでは、Python を使った数学の学習を始めるために、記号計算ライブラリの SymPy の基本を解説します。

1.1 ｜ 文字式の計算

1.1.1　文字式とは

数学で登場する**文字式**とは、a や x などの文字を含む数式のことです。例えば、

$$x + 1 \tag{1.1}$$

は文字式です。式 (1.1) の中の x はさまざまな値をとれる文字であり、**変数**と呼ばれます。例えば、$x = 1$ のとき式 (1.1) は $1 + 1 = 2$、$x = -2$ のときは $-2 + 1 = -1$ となります。変数を文字を使い表現することで、数式を一般化することができます。

式 (1.1) の 1 や x などは 1 つの**項**であり、文字式では、同じ文字を持つ項を**同類項**と呼びます。文字式の計算では、同類項をまとめることができます。例えば、

$$x + x - 1 \tag{1.2}$$

の、$x + x$ は同類項 x でまとめることができ、

$$x + x - 1 = 2x - 1 \tag{1.3}$$

と計算できます。

1.1.2　Python を使った文字式の計算

Python を使った文字式の計算を解説します。はじめに、ライブラリを使用しないで、$x + x - 1$ を入力してみます。

In [1]:

```
# このコードはエラーになる
x + x - 1
```

```
Out[1]:
    ----------------------------------------------------------------
    NameError                        Traceback (most recent call last)
    <ipython-input-1-2836bf69b21e> in <module>
    ----> 1 x + x - 1

    NameError: name 'x' is not defined
```

このコードでは、x が定義されていないため、入力結果はエラーとなります。エラーを回避するために、x = 1 を入力してから、計算を試してみます。

```
In [2]:
    # エラーを回避するため、x = 1 を与えている
    x = 1
    x + x - 1
```

```
Out[2]:
    1
```

このコードでは、x は x = 1 とみなされるため、

$$x + x - 1 = 1 + 1 - 1 = 1 \tag{1.4}$$

と計算され、$x + x - 1 = 1$ となります。

期待通りに同類項をまとめる文字式の計算

$$x + x - 1 = 2x - 1$$

をするためには、x を記号として扱う必要があります。そこで、Python の記号計算ライブラリの **SymPy** [1] を使います。

---

[1] SymPy の公式ドキュメントを参照するには、次の URL にアクセスしてください。https://docs.sympy.org/latest/index.html

> **SymPy とは**
>
> 簡単なコードで、さまざまな文字式の計算（数式処理）が実行可能な、Python における記号計算ライブラリ。

SymPy では、x を記号として扱うことができます。そのため、文字式の計算など多くの数学の計算ができます。

SymPy を使用して、式 (1.3) の計算をします。

`In [3]:`

```python
from sympy import init_printing, symbols

# 数式の出力を LaTeX で表記する
init_printing(use_latex='mathjax')

# x を記号を定義する
x = symbols('x')

x + x - 1
```

Out[3]:

$$2x - 1$$

init_printing は、SymPy にきれいに数式を出力させるための設定です [*2]。`x = symbols('x')` で、x を記号として扱うことを宣言することで、`x + x - 1` は $x + x - 1 = 2x - 1$ と期待通りに計算されます。

このように、SymPy を使用して、x を記号として扱うことで、Python で文字式の計算ができます。次節以降では、SymPy を使用した文字式の計算例を見ていきます。

1.2 | 文字式への代入

ここでは、$x = 1$ や $x = a$ など、値や別の文字を文字式に代入し、その式を評価する方

[*2] Jupyter notebook では MathJax を使用して LaTeX 形式の数式を表示します。

法を学びます。この方法は、関数の変数や方程式の解などに、値や別の文字を代入すると
きに使います。

　次の 2 つを例に、文字式への代入を見ていきます。

1.　$x^2 - y^2$ に $x = 1$, $y = 2$ を代入

2.　$x^2 - y^2$ に $x = a$, $y = 2$ を代入

　はじめに、$x^2 - y^2$ を式 f として宣言します。

In [4]:

```
x, y = symbols('x y')

f = x**2 - y**2   # べき乗を表すには**を使用する

# f を確認する
f
```

Out[4]:

$$x^2 - y^2$$

複数の記号 x, y の宣言は、x, y = symbols('x y') のように記述します。

　$x^2 - y^2$ に $x = 1$, $y = 2$ を代入するには、subs メソッドを使います。

In [5]:

```
# x と y をキーにした辞書で値の指定ができる
f.subs([(x, 1), (y, 2)])
```

Out[5]:

$$-3$$

subs([(x, 1), (y, 2)]) によって、x と y に値が代入されます。その結果 $x^2 - y^2$ に
$x = 1$, $y = 2$ が代入され、$1^2 - 2^2 = -3$ の計算結果が出力されます。

　subs メソッドを使用すると、$x = 1$ の値だけでなく、$x = a$ の文字式の代入もできます。

```
a = symbols('a')

# x = a と y = 2 の代入
f.subs([(x, a), (y, 2)])
```

Out [6]:

$$a^2 - 4$$

$x = a$ と $y = 2$ の代入結果である、$a^2 - 4$ が得られます。

1.3 | 式の因数分解と展開

式の因数分解と式の展開は、基本的な文字式の計算です。SymPy には、式を展開する expand 関数と、式を因数分解する factor 関数があります。これらの関数を使うことで、SymPy の使い方に慣れるとともに、数学の復習をしましょう。

はじめに、factor 関数を使い $x^2 - y^2$ を因数分解します。この計算の期待される結果は

$$x^2 - y^2 = (x - y)(x + y) \tag{1.5}$$

です。

In [7]:

```
from sympy import factor, expand

# factor を使用して、f = x**2 - y**2 を因数分解
f_factor = factor(f)
f_factor
```

Out [7]:

$$(x - y)(x + y)$$

factor 関数の引数には、因数分解をする文字式や、文字式のオブジェクトを与えます（こ

こでは、$x^2 - y^2$ の文字式のオブジェクト f を与えています)。f_factor は $x^2 - y^2$ を因数分解した $(x - y)(x + y)$ の文字式のオブジェクトになります。

次に expand 関数を使い、$(x - y)(x + y)$ を展開します。

In [8]:

```
# expand を使用して、(x - y)*(x + y) を展開
expand(f_factor)
```

Out[8]:

$$x^2 - y^2$$

$(x - y)(x + y)$ の文字式のオブジェクトである f_factor を展開した結果は $x^2 - y^2$ となることがわかります。

1.4 | 方程式を解く

文字式の計算では「特定の文字について方程式を解く」ことがあります。SymPy では、solveset 関数を使うことで、方程式を解くことができます。

ここでは 1 次方程式、2 次方程式、連立方程式の基本的な方程式を解いてみます。

1 次方程式

1 次方程式

$$x + 10 = 8 \tag{1.6}$$

を解きます。式 (1.6) は、右辺の 10 を左辺に移項することで

$$x = 8 - 10 \tag{1.7}$$

の式変形ができ、

$$x = 2$$

が解であることがわかります。

SymPy の solveset 関数を使用して式 (1.6) を解いてみましょう。

```
In [9]:
```

```
from sympy import solveset

# solveset を使用して方程式を解く
solveset(x + 10 - 8)
```

```
Out[9]:
```

$$\{-2\}$$

solveset を使うためには、方程式の右辺を 0 にする必要があります。$x + 10 = 8$ を $x + 10 - 8 = 0$ に式変形し、solveset(x + 10 - 8) としています。solveset の結果は、手計算の結果 $x = -2$ と一致することがわかります。

1.4.1　2次方程式

2次方程式

$$ax^2 + bx + c = 0 \tag{1.8}$$

を解きます。式 (1.8) の右辺は 0 であるため、式を変形することなく solveset 関数を使用できます。

```
In [10]:
```

```
b, c = symbols('b c')
solveset(a*x**2 + b*x + c, x)
```

```
Out[10]:
```

$$\left\{ -\frac{b}{2a} - \frac{\sqrt{-4ac + b^2}}{2a}, \; -\frac{b}{2a} + \frac{\sqrt{-4ac + b^2}}{2a} \right\}$$

複数の文字が含まれる方程式を解く場合は、solveset の2つ目の引数に解く文字を指定する必要があります。この方程式の解は、中学数学で学習する「解の公式」として知られています。

1.4.2　連立次方程式

2つ以上の未知数を含む連立方程式を解きます。例として、

$$\begin{cases} x + y = 5 \\ x - 2y = -19 \end{cases}$$

を解きます。

1 次式で表される連立方程式の解の計算には、linsolve 関数が使えます。

`In [11]:`

```
from sympy import linsolve

# 連立方程式の入力
eq1 = x + y - 5
eq2 = x - 2*y + 19

# linsolve を使用して連立方程式を解く
linsolve([eq1, eq2], (x, y))
```

`Out[11]:`

$$\{(-3, \quad 8)\}$$

2 つの文字式のオブジェクト eq1 と eq2 をつくり、linesolve 関数の引数に与えます。方程式の解 $x = -3, \quad y = 8$ が出力されます。

まとめ

- Python の記号計算ライブラリである SymPy を使うと、数学の文字式の計算ができます。

- SymPy には式の展開、因数分解、方程式を解くための関数が用意されています。

- 面倒な数式の計算は SymPy を使用して Python に実行させましょう。

CHAPTER

02

TITLE

関数とグラフ作成

数学には2次関数、三角関数、指数関数などさまざまな関数が登場します。数学の教科書には、これらの関数に紐づいて多くの公式が登場します。関数と公式の洪水に飲み込まれてしまい、数学が嫌になる方もいるかもしれません。ここではそうならないために、気軽に Python でさまざまな関数のグラフを作成し、その特徴を見ていきます。

2.1 　｜　関数とは

はじめに、数学における「関数」の定義を確認します。

> **関数**
>
> 変数 x に対して、1つの変数 y を対応させるものを関数と呼び、
>
> $$y = f(x)$$
>
> と記す。

　関数 $f(x)$ の f は Function（関数）の頭文字です。1次関数 $f(x) = x + 1$ や三角関数 $f(x) = \sin x$ は、変数 x に対して1つの値を対応させるため、関数と呼ぶことができます。

2.2 　｜　関数のプログラム

　Python で数学の関数をプログラムしてみましょう。ここでは以下の2つのプログラム方法を見ます。

- `def f(x):` を使ったプログラム

- SymPy を使ったプログラム

`def f(x):` を使ったプログラム

　Python では、`def 関数名 (引数):` のように関数を定義します。例として、2次関数 $f(x) = x^2$ をプログラムしてみましょう。具体的には、引数 x、戻り値 x^2 の関数を作成します。

`In [1]:`

```
# x**2 を計算する関数
def f(x):
    return x**2

# f(2) = 2*2 を計算
f(2)
```

`Out[1]:`

```
4
```

$f(2) = 2^2 = 4$ という期待通りの計算結果が得られることがわかります。

SymPy を使ったプログラム

SymPy を使用して関数のプログラムを行います。必要なモジュールをインポートし、変数 x のオブジェクトを symbols で作成しておきます。

`In [2]:`

```
from sympy import init_printing, symbols
init_printing(use_latex='mathjax')

x = symbols('x')
```

次に、関数 $f(x) = x^2$ のオブジェクト f を作成します。

`In [3]:`

```
f = x**2
f
```

`Out[3]:`

$$x^2$$

def f(x) で定義した関数の引数に値を代入するには、f(2) のように実行するのに対し

て、SymPy で定義した関数の変数に値を代入するには、subs メソッドを使用します。

In [4]:

```
# f に x = 2 を代入
f.subs(x, 2)
```

Out[4]:

```
4
```

$f(2) = 4$ という期待通りの結果が得られることがわかります。

Python では、def f(x): もしくは SymPy で関数を定義でき、数学の関数を計算できます。SymPy で定義した関数は、演算やプロットの作成、変数の置換が手軽に実行できます。次節では、SymPy を使用して関数のプロットを行います。

2.3 │ 関数のプロット

数学の関数の特徴を直感的につかむためには、関数をグラフで可視化することが有効です。ここでは、SymPy を使用して関数のプロットを作成します。

プロットに必要なモジュールをインポートします。

In [5]:

```
from sympy.plotting import plot
# Jupyter notebook で Matplotlib のグラフを表示
%matplotlib inline
```

sympy.plotting の plot を使用することで、プロットを作成できます。plot モジュールはバックエンドで Matplotlib [*1]を使用しています。

例として、2 次関数 $f(x) = x^2$ のプロットを作成します。

---

*1 Matplotlib は Python のグラフ描画ライブラリです。

```
In [6]:
```

```
# f = x**2 のプロットを作成
plot(f, (x, -2, 2), legend=True)
```

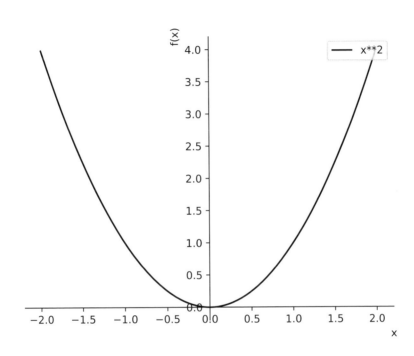

図 2.1: 2 次関数 $y = x^2$ のグラフ

plot(f, (x, -2, 2), legend=True) で、関数 $f = x^2$ の $-2 \leqq x \leqq 2$ におけるグラフを作成します。legend は、グラフに凡例を表示する bool 型のオプションです。plot 関数のデフォルト設定では凡例が表示されないため、凡例を表示したいときは legend=True を設定します。

SymPy では、定義した関数 f とプロットモジュール plot を利用することで、簡単に関数のプロットを作成できます。次節ではさまざまな関数のプロットを作成していきます。

2.4 | いろいろな関数とグラフ

　ここでは、多項式関数、三角関数、対数関数、指数関数のプロットを作成します。プロットを作成するとともに、それぞれの関数の定義、性質を確認しておきましょう。

2.4.1　多項式関数

　多項式関数とは、変数 x のべき乗の和で表すことができる関数です。関数の次数は x のべき数の最大数になります。例えば、

$$f(x) = x + 1 \tag{2.1}$$

は、x の最大べき数は 1 であるため、1 次関数と呼ばれます。

　1 次関数（式 (2.1)）のプロットを作成してみましょう。

In [7]:

```
plot(x + 1, (x, -2, 2), legend=True)
```

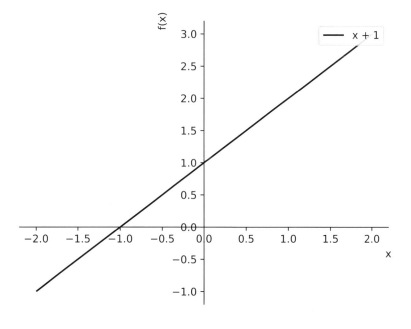

図 2.2: 1 次関数 $y = x + 1$ のグラフ

式 (2.1) のプロットは、傾きが 1、切片が 1 の直線になります。

次はもう少し複雑な多項式関数

$$f(x) = x^3 + 2x^2 - 19x \tag{2.2}$$

をプロットしてみましょう。x のべき数の最大は 3 であるため、この関数 $f(x)$ は 3 次関数になります。

In [8]:

```
plot(x**3 + 2*x**2 - 19*x, (x, -6, 5), legend=True)
```

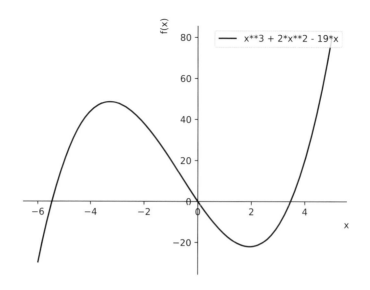

図 2.3: 3 次関数 $x^3 + 2x^2 - 19x$ のグラフ

プロットを見ると、式 (2.2) の関数は x とともに増加した後、減少に移り、そして再び増加することがわかります。このように、プロットを作成することで、関数の特徴を確認できます。

2.4.2 三角関数

三角関数の定義

図 2.4 に示すような、xy 平面の原点を中心とした半径 1 の円を考えます。この半径 1 の円は**単位円**と呼ばれます。角度 θ の座標を (x, y) とするとき、三角関数は次の式で定義されます。

$$\sin\theta = y, \ \cos\theta = x, \ \tan\theta = y/x \tag{2.3}$$

ここで、θ は弧度法で与えられる単位ラジアンの角度です。弧度法では半径 1 の円の円周の長さ (直径 × 円周率 $= 2\pi$) が度数法の $360°$ に相当します。

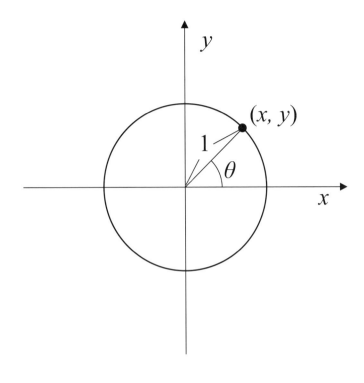

図 2.4: 単位円

単位円のプロット

三角関数の定義（式 (2.3)）から、単位円上の点 (x, y) は、次の関係があります。

$$\begin{cases} x = \cos\theta \\ y = \sin\theta \end{cases} \tag{2.4}$$

2 つの変数 (x, y) を共通の変数（ここでは θ）で表すことを**媒介変数表示**と呼びます。媒介変数表示を利用することで、曲線のプロットを簡単に作成できることがあります。

式 (2.4) で与えられる (x, y) が単位円となることを、プロットを作成し確認します。

In [9]:

```python
# 三角関数と円周率 pi をインポート
from sympy import sin, cos, tan, pi
from sympy.plotting import plot_parametric
```

```
# 描画サイズを 5x5 の正方形に指定する
import matplotlib.pyplot as plt
plt.rcParams['figure.figsize'] = 5, 5
```

追加で必要となる三角関数 sin と cos と円周率 pi は、sympy からインポートしておきます。

　plot_parametric 関数を使用して、媒介変数表示の (x, y) の軌跡をプロットします。表示する範囲は $0 \leqq \theta \leqq 2\pi$ です。

In [10]:

```
# 媒介変数 t は theta の頭文字
t = symbols('t')
```

```
# 媒介変数表示を使用した単位円のプロットを作成
plot_parametric(cos(t), sin(t), (t, 0, 2*pi), legend=True)
```

```
# 描画サイズを default 値に戻す
plt.rcParams['figure.figsize'] = 6, 4
```

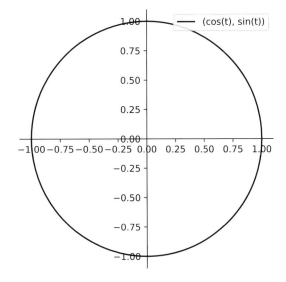

図 2.5: 媒介変数表示による単位円のプロット

plot_parametric 関数は、媒介変数を t として plot_parametric(x(t)、y(t)、(t、t の範囲)) のように引数を与えることで、媒介変数表示のプロットを作成します。プロット (図 2.5) が半径 1、中心 $(0,0)$ の円となることから、$(\cos x,\ \sin x)$ は単位円上の点であることがわかります。このことから三角関数の公式

$$\cos^2 x + \sin^2 x = 1 \tag{2.5}$$

を得ることができます。

$\sin x$ と $\cos x$ のプロット

$f(x) = \sin x$ と $g(x) = \cos x$ のプロットを作成します。

In [11]:

```
# sin(x) と cos(x) のプロット
# show=False として、この行ではグラフを表示させない
p = plot(sin(x), cos(x), (x, -2*pi, 2*pi), legend=True, show=False)
```

```
# グラフの色を指定
p[0].line_color = 'b'  # 青
p[1].line_color = 'r'  # 赤

# グラフの表示
p.show()
```

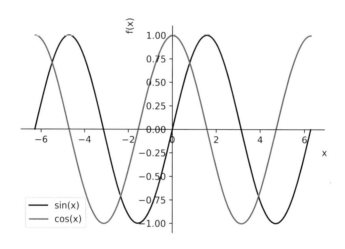

図 2.6: 三角関数 $\sin x$ と $\cos x$ のグラフ

1 つのプロット図に、複数の関数をプロットする場合は、`plot(f(x), g(x))` のように複数の関数を引数に与えます。このままでは、同じ色で複数の関数がプロットされるため、`plot()` の bool 型のオプション show を False に設定した後、`line_color` でプロットの色を指定します。最後に show メソッドでプロットを表示します。

図 2.6 のプロットから $\sin x$ は $\cos x$ を x 軸方向に平行移動した形となることがわかります。この平行移動の移動量は $\frac{\pi}{2}$ です。$\cos x$ を x 軸方向に $\frac{\pi}{2}$ に平行移動したときの $\cos\left(x - \frac{\pi}{2}\right)$ を計算してみましょう。

In [12]:

```
# cos(x) を x 方向に+pi/2 平行移動
cos(x-pi/2)
```

Out[12]:

$$\sin(x)$$

　プロットから確認した $\sin x$ と $\cos x$ の平行移動の関係は、三角関数の数式において成立することを確認できます。プロットを作成して関数を可視化することで、関数の特徴がわかり、異なる関数の関係性が見えてくることがあります。

奇関数と偶関数

　ここで、奇関数と偶関数について解説します [*2]。関数 $f(x)$ が**奇関数**であるとは、

$$f(-x) = -f(x) \tag{2.6}$$

が任意の x で成立することです。奇関数の形状は、原点に関して対称な形になります。図 2.6 からわかるように、$f(x) = \sin x$ は原点に関して対称な形をしています。SymPy で $\sin(-x)$ を計算してみましょう。

In [13]:

```
sin(-x)
```

Out[13]:

$$-\sin(x)$$

$\sin(-x) = -\sin x$ から、$\sin x$ は奇関数であることがわかります。
　一方で、関数 $f(x)$ が**偶関数**であるとは

$$f(-x) = f(x) \tag{2.7}$$

が任意の x で成立することです。偶関数の関数の形状は、y 軸に関して対称な形になります。図 2.6 からわかるように、$f(x) = \cos x$ は y 軸に関して対称な形をしています。

*2 5.4.4 節において、奇関数と偶関数の性質を参照します。読み始めの段階では、読み飛ばしていただいても構いません。

SymPy で $\cos(-x)$ を計算してみましょう。

```
In [14]:
```

```
cos(-x)
```

```
Out[14]:
```

$$\cos(x)$$

$\cos(-x) = \cos x$ から、$\cos x$ は偶関数であることがわかります。

$\tan x$ のプロット

三角関数の解説の最後に、$f(x) = \tan x$ をプロットします。

```
In [15]:
```

```
# tan(x) のプロット
p = plot(tan(x), (x, 0, 2*pi), legend=True, show=False)

# y軸の表示範囲を指定
p.ylim = (-10, 10)

p.show()
```

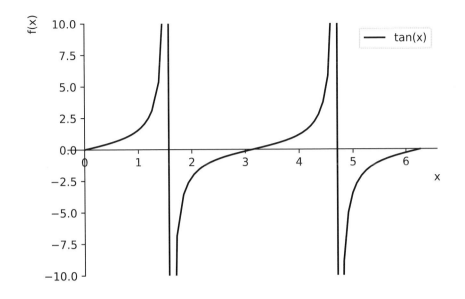

図 2.7: $\tan x$ のグラフ

図 2.7 の $\tan x$ のプロットから、$\tan x$ は $x = \frac{\pi}{2} = 1.57$ 付近と $x = \frac{3}{2}\pi = 4.1$ 付近で大きく変化することがわかります。これは $\tan x = \frac{\sin x}{\cos x}$ の分母 $\cos x$ が $x = \frac{\pi}{2}$ と $x = \frac{3}{2}\pi$ で $\cos x = 0$ となるためです。

2.4.3 指数関数

指数関数の定義

指数関数とは $a > 0$ のもと

$$y = a^x \tag{2.8}$$

の形をした関数です。a を**底**、変数 x を**指数**と呼びます。指数関数は累乗 $a^n = a \cdot a \cdot a \cdots a$ の n を実数に拡張したものです。

指数関数の性質

指数関数には以下の特徴があります。

$$a^x a^y = a^{x+y} \tag{2.9}$$

37

$$a^{-x} = \frac{1}{a^x} \tag{2.10}$$

$$(a^x)^y = a^{xy} \tag{2.11}$$

$$a^0 = 1 \tag{2.12}$$

指数関数のプロット

次の 2 つの指数関数をプロットして確認してみましょう。

$$f(x) = 2^x \tag{2.13}$$

$$g(x) = \frac{1}{2^x} \tag{2.14}$$

In [16]:

```
p = plot(2**x, 1/2**x, (x, -2, 2), legend=True, show=False)
p[0].line_color = 'b'
p[1].line_color = 'r'


p.show()
```

第 2 章 関数とグラフ作成

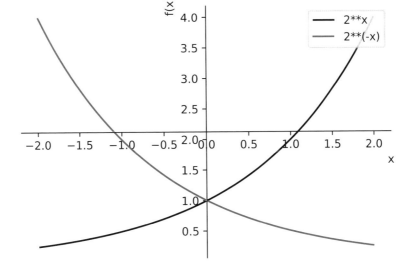

図 2.8: 指数関数 2^x と $\frac{1}{2^x}$ のグラフ

図 2.8 のグラフから、$f(x) = 2^x$ は x に対して単調に増加し、$g(x) = \frac{1}{2^x}$ は x に対して単調に減少する様子がわかります。どちらのプロットも

$$f(0) = g(0) = 1$$

となります。これは式 (2.12) の指数計算の性質に対応します。

2.4.4 対数関数

対数関数の定義

対数関数は指数関数の逆関数として定義されます。式 (2.8) において x と y を入れ替えると、

$$x = a^y \tag{2.15}$$

となります。この y を「a **を底とする** x **の対数**」と呼び、

$$y = \log_a x \tag{2.16}$$

と表します。この log で表現される関数を**対数関数**と呼びます。

SymPy で `log` をインポートし、対数 $\log_2 4$ を計算してみましょう。

```
from sympy import log

# log(変数, 底)
log(4, 2)
```

Out[17]:

2

対数関数のプロット

$f(x) = \log_2 x$ と $g(x) = \log_2 2x$ をプロットします。

In [18]:

```
p = plot(log(x, 2), log(2*x, 2), (x, 0.1, 100),
         legend=True, show=False)
p[0].line_color = 'b'
p[1].line_color = 'r'

p.show()
```

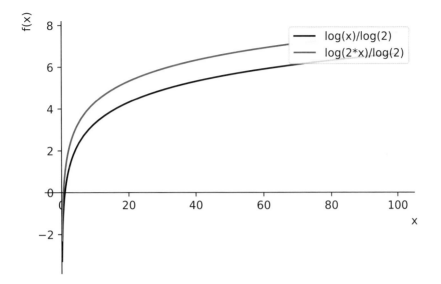

図 2.9: 対数関数 $\log_2 x$ のグラフ

$f(x) = \log_2 x$ は、x に対して単調に増加することがわかります。$g(x) = \log_2 2x$ は $f(x) = \log_2 x$ を y 軸方向に平行移動した形になります。平行移動した形になるのは、対数関数に

$$\log MN = \log M + \log N \tag{2.17}$$

の性質があるからです。式 (2.17) から $g(x)$ は、

$$g(x) = \log_2 2x = \log_2 x + \log_2 2 \tag{2.18}$$

と計算できます。これは $g(x)$ は、$f(x) = \log_2 x$ を y 軸方向に $\log_2 2$ 平行移動した関数であることを示しています。

指数関数 $f(x)$ と対数関数 $g(x)$

$$f(x) = 2^x \tag{2.19}$$

$$g(x) = \log_2 x \tag{2.20}$$

を同じグラフにプロットしてみます。$y = x$ の直線もプロットしておきましょう。

```
In [19]:
```

```
p = plot(2**x, log(x, 2), x, (x, -2, 4), legend=True, show=False)
p.ylim=(-2, 4)

p[0].line_color = 'b'   # 青
p[1].line_color = 'r'   # 赤
p[2].line_color = 'g'   # 緑


p.show()
```

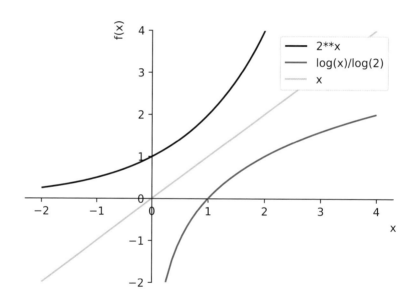

図 2.10: 指数関数 2^x と対数関数 $\log_2 x$ のグラフ

$f(x) = 2^x$ と $g(x) = \log_2 x$ は $y = x$ に対して対称であることがわかります。

まとめ

- 関数の理解のためには、関数のプロットを作成し可視化することが有効です。

- Python を使うと、簡単に関数のプロットを作成することができます。

- 未知の関数に出会ったら、まず Python でグラフを作成しその特徴を確認してみましょう。

CHAPTER

03

TITLE

極限値

微分積分では、「x を限りなく a に近づける」や「x を限りなく小さくする」などの表現が登場します。このような「限りなく」を数学で表現するのが極限です。微分積分の準備段階として、極限と極限値について学習します。

3.1 │ 極限とは

極限とは「変数がある値に限りなく近づいた」状態のことです。例えば、「x が限りなく 0 に近づいた」状態はある極限です。この極限を数学では

$$\lim_{x \to 0}$$

のように記します。lim は「極限、限度」を意味する英語の limit の略です。他の例として、「a が限りなく b に近づいた」極限は $\lim_{a \to b}$ のように記します [*1]。後の章で登場する微分では「h が限りなく 0 に近づいた」極限である $\lim_{h \to 0}$ などが登場します。

3.2 │ 極限値とは

極限値とは、ある極限において関数や数列が特定の値に定まったときの値のことです。例えば、「x を限りなく 1 に近づけた」極限における、$x + 1$ の極限値は

$$\lim_{x \to 1} (x + 1)$$

と記します。$x = 1$ のとき $x + 1 = 2$ と計算できるため、この極限値は

$$\lim_{x \to 1} (x + 1) = 2 \tag{3.1}$$

となります。

ここで注意が必要な点は、「x が限りなく 1 に近づいた」極限は、$x = 1$ **ではない**ということであり、$\lim_{x \to 1} (x + 1) = 2$ は「x が限りなく 1 に近づいた」ときに「$x + 1$ が限りなく 2 に近づく」を表していることです。後ほど登場する極限値の計算では、このことを念頭に置きましょう。

3.3 │ 収束と発散

極限値において重要な概念である、**収束**と**発散**を解説します。

[*1] 本文の都合で $\lim_{a \to b}$ のように $a \to b$ を lim の横に記載しますが、$\lim_{a \to b}$ と同じように読んでください。

収束

関数 $f(x)$ において、引数である x の値が限りなく a に近づき、$f(x)$ の値が α に近づくとき、「関数 $f(x)$ は α に**収束する**」と言い、数式では以下のように記す。

$$\lim_{x \to a} f(x) = \alpha$$

3.2 節の極限値 $\lim_{x \to 1} (x+1) = 2$ は、「x が限りなく 1 に近づいたとき、関数 $f(x) = x+1$ は 2 に収束する」を示しています。

発散

極限値がどんな値にも収束しないとき、**発散する**と呼ぶ。

$f(x)$ の値が限りなく大きくなる「正の無限大に発散する」

$$\lim_{x \to a} f(x) = +\infty \tag{3.2}$$

$f(x)$ の値が限りなく小さくなる「負の無限大に発散する」

$$\lim_{x \to a} f(x) = -\infty \tag{3.3}$$

上記以外で値が一意に決まらないときを「振動する」と呼ぶ。

ここで ∞ は、限りなく大きい（無限大）を表す数学記号です。

収束と発散の様子を、関数 $f(x) = \frac{1}{x}$ のプロットを例に見てみます。

In [1]:

```python
from sympy import init_printing, symbols
from sympy.plotting import plot
%matplotlib inline
init_printing(use_latex='mathjax')


x = symbols('x')


# 1/x のプロット。y 軸の表示範囲は ylim で設定
```

```
plot(1/x, (x, -1, 1), ylim=(-100, 100))
```

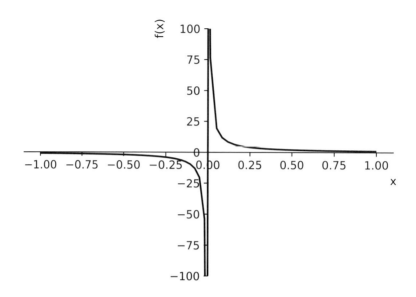

図 3.1: $y = \frac{1}{x}$ のグラフ

$\frac{1}{x}$（図 3.1）の各区間での増加や減少を表で記した**増減表**は次のようになります。

x	$-\infty$	$\cdots$	-0	$+0$	$\cdots$	∞
$f(x)$	0	減少 ↘	$-\infty$	∞	減少 ↘	0

増減表から、$x \to \infty$ と $x \to -\infty$ の 2 つの極限において、$f(x) = \frac{1}{x}$ は 0 に収束すること
がわかります。一方で、$x \to 0$ の極限では、x を 0 に近づける方向によって発散の様子が
異なります。具体的には、x を ＋ 側の方向から 0 へ近づけた場合と、x を － 側の方向から
0 へ近づけた場合の極限は以下のようになります。

$$\frac{1}{x} \xrightarrow[x \to +0]{} \infty \tag{3.4}$$

$$\frac{1}{x} \xrightarrow[x \to -0]{} -\infty \tag{3.5}$$

このように極限のとり方によって、発散の様子や収束する極限値が異なる場合があります。
x を ＋ 側から近づけた場合を**右極限**、x を － 側から近づけた場合を**左極限**と呼びます。

3.4 ｜ SymPy を使った極限値の計算

　高校の数学の授業で学習する極限値では、一般的に手計算で極限値を求めますが、ここでは Python を使用して極限値の計算をします。SymPy には極限値を計算する limit 関数があります。limit 関数を使用して $\lim_{x \to 1} (x+1)$ を計算します。

In [2]:

```
from sympy import limit
# limit を使用して極限値を計算
limit(x + 1, x, 1)
```

Out[2]:

2

limit 関数は limit(f(x), x, a) とすることで、$\lim_{x \to a} f(x)$ の計算をします。計算結果は、$\lim_{x \to 1} (x+1) = 2$ と求まります。

　極限値 $\lim_{x \to 1} (x+1)$ の計算は、$f(x) = x+1$ に $x = 1$ の値を代入するだけで求めることができます。しかし、後ほど示す極限値の計算では、値を代入するだけでは $f(x) = \frac{0}{0}$ や $f(x) = \frac{\infty}{\infty}$ となり、簡単に極限値を求められない場合があります。このような場合は、プロットを作成して極限での $f(x)$ の振る舞いを確認することが有効になります。ここではプロットの作成の復習として、$f(x) = x+1$ のプロットを作成し $f(1)$ を確認しておきましょう。

In [3]:

```
plot(x + 1, (x, 0, 2))
```

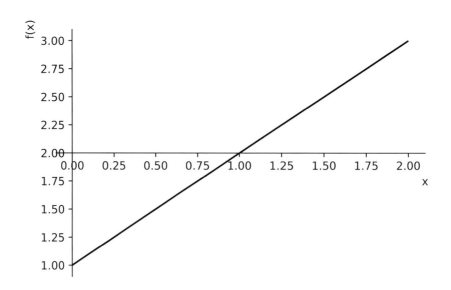

図 3.2: $f(x) = x + 1$ のプロット

当然のことながら、$f(x) = x + 1$ は 1 次関数の直線であることがわかります。limit 関数を使用すると簡単に極限値を計算できますが、関数の具体的なイメージを持つためにプロットを作成することをおすすめします。

次に $\frac{1}{x}$ の極限値を計算します。

In [4]:

```
limit(1/x, x, 0)
```

Out[4]:

∞

limit 関数は、特に指定をしないと右極限を計算していることがわかります。右極限と左極限の指定は dir で行います。

```
In [5]:
```

```
# 左極限は dir='-' で指定
limit(1/x, x, 0, dir='-')
```

```
Out[5]:
```

$$-\infty$$

`dir='-'` により、左極限において $-\infty$ を得ることができます。右極限を明示的に計算したいときは、`dir='+'` とします。

3.5 | 関数の極限

ここまで、$f(x) = x + 1$ と $f(x) = 1/x$ の極限を見てきました。ここからは、もう少し複雑な関数の極限を見ていきます。

3.5.1 不定形の極限

極限値

$$\lim_{x \to 2} \frac{x^2 - 5x + 6}{x - 2} \tag{3.6}$$

を考えます。$\frac{x^2-5x+6}{x-2}$ は $x = 2$ において、

$$(分子) = 2^2 - 5 * 2 + 6 = 0 \tag{3.7}$$

$$(分母) = 2 - 2 = 0 \tag{3.8}$$

となるため、$\frac{0}{0}$ の**不定形**になります。このままでは極限値を計算できません。

SymPy の `limit` 関数を使用すると、簡単に極限値は計算できますが、ここでは SymPy を使った式変更の勉強を兼ねて、数学の授業のような式変形を試してみましょう。

はじめに、$\frac{x^2-5x+6}{x-2}$ のオブジェクト f を作成します。

```
In [6]:
```

```
numer = x**2 - 5*x + 6  # 分子
denom = x - 2  # 分母
f = numer / denom
f
```

51

Out[6]:

$$\frac{x^2 - 5x + 6}{x - 2}$$

分子 $x^2 - 5x + 6$ は $x = 2$ で 0 となることから、$x - 2$ を因数に持ちます。factor 関数で分子を因数分解します。

In [7]:

```
from sympy import factor
# 分子 numer を因数分解する
factor(numer)
```

Out[7]:

$$(x - 3)(x - 2)$$

分子は $(x - 3)(x - 2)$ に因数分解され、$x - 2$ を因数に持つことを確認できます。分子の因数 $x - 2$ と分母 $x - 2$ を約分します。

In [8]:

```
factor(numer) / denom
```

Out[8]:

$$x - 3$$

$\frac{x^2 - 5x + 6}{x - 2}$ の約分は simplify 関数でも実行できます。

In [9]:

```
from sympy import simplify
# simplify によって、式を簡素化できる
simplify(f)
```

```
Out[9]:
```

$$x - 3$$

`simplify` は数式を簡素化する関数です。$\frac{x^2-5x+6}{x-2}$ では分母と分子の共通因数 $x-2$ の約分が実行されます。

$\frac{x^2-5x+6}{x-2}$ は分子を因数分解して約分すると次の式になります。

$$\frac{x^2 - 5x + 6}{x - 2} = x - 3 \tag{3.9}$$

式 (3.9) 右辺の $x-3$ の形になると、$x \to 2$ の極限値の計算ができます。このように約分計算をすることで、不定形の極限値の計算ができるようになります。

$x-3$ に $x=2$ を代入すると -1 となるため、

$$\lim_{x \to 2} \frac{x^2 - 5x + 6}{x - 2} = -1 \tag{3.10}$$

と求まります。

ここまで $\frac{x^2-5x+6}{x-2}$ の式変形をして極限値を計算しましたが、SymPy の `limit` 関数を使用して極限値を計算しておきましょう。

```
In [10]:
```

```python
limit((x**2 - 5*x + 6)/(x - 2), x, 2)
```

```
Out[10]:
```

```
-1
```

式変形から求めた極限値 (式 (3.10)) と、`limit` 関数で求めた極限値が一致することを確認できます。

$\frac{x^2-5x+6}{x-2}$ の関数の形を、プロットを作成し確認しておきましょう。

```
In [11]:
```

```python
# x軸のプロット範囲
x_range = [0, 4]

# 分母、分子、関数のプロット
```

```
p = plot(denom, numer, f, (x, x_range[0], x_range[1]),
        show=False, legend=True)
p[0].line_color = 'b'
p[1].line_color = 'r'
p[2].line_color = 'g'
p.show()
```

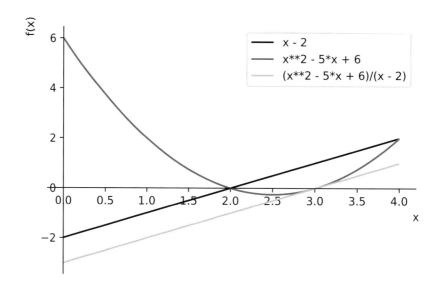

図 3.3: $\frac{x^2-5x+6}{x-2}$ のグラフ

　プロットから $\frac{x^2-5x+6}{x-2}$ は期待通り、1 次関数であることがわかります（分母 $x-2$ と分子 x^2-5x+6 もプロットしてあります）。

3.5.2　$\frac{\sin x}{x}$ の極限

ここでは三角関数 $\sin x$ を含む、次の極限値を計算します。

$$\lim_{x \to 0} \frac{\sin x}{x} \tag{3.11}$$

　$x = 0$ において

$$\sin x = 0 \tag{3.12}$$

$$x = 0 \tag{3.13}$$

となるため、$\frac{\sin x}{x}$ は $\frac{0}{0}$ の不定形になります。

$\lim_{x \to 2} \frac{x^2-5x+6}{x-2}$ は $x=2$ において $\frac{0}{0}$ となりますが、分母と分子の約分ができたため、極限値を求めることができました。しかしながら、$\sin x$ と x では分母と分子の約分ができません。

ここでは limit 関数を使い、極限値を計算してしまいましょう。

In [12]:

```
from sympy import sin, pi
limit(sin(x) / x, x, 0)
```

Out[12]:

1

limit 関数の結果から、

$$\lim_{x \to 0} \frac{\sin x}{x} = 1 \tag{3.14}$$

と求まります。計算方法がわからなくても、計算を試みることができるのがコンピュータを使用するメリットです。$\lim_{x \to 0} \frac{\sin x}{x} = 1$ から、$x \simeq 0$ [*2] においては $\frac{\sin x}{x} \simeq 1$ つまり

$$\sin x \simeq x \tag{3.15}$$

となることがわかります。このことを $\frac{\sin x}{x}$ の分子 $\sin x$ と分母 x のプロットを作成し、確認しておきましょう。

In [13]:

```
# x軸のプロット範囲
x_range = [-pi, pi]

# sin(x) と x のプロット
p = plot(sin(x), x, (x, x_range[0], x_range[1]),
        show=False, legend=True)
```

*2 「$\simeq$」は「ほぼ等しい」を表す記号として使用します。

```
p[0].line_color = 'b'
p[1].line_color = 'r'
p.show()
```

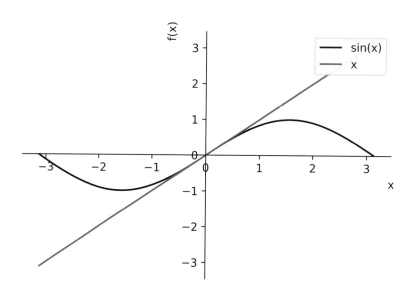

図 3.4: $\sin x$ と x のグラフ

$-\pi \leqq x \leqq \pi$ のプロット範囲では $\sin x \neq x$ となりますが、$x \simeq 0$ においては $\sin x$ と x は一致しそうです。$x = 0$ 付近のプロットを作成します。

In [14]:

```
# x軸のプロット範囲を原点付近に設定
x_range = [-0.1, 0.1]

# sin(x) と x のプロット
p = plot(sin(x), x, (x, x_range[0], x_range[1]),
         show=False, legend=True)
p[0].line_color = 'b'
```

```
p[1].line_color = 'r'
p.show()
```

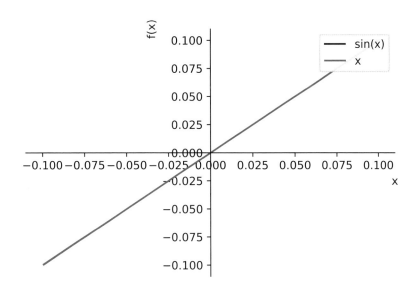

図 3.5: $x = 0$ における $\sin x$ と x のグラフ

$x \simeq 0$ において $\sin x$ と x のプロットが重なることから、$\sin x \simeq x$ $\quad (x \simeq 0)$ であること
を確認できます。このように、プロットを作成することで、求めたい極限値の収束・発散
を判定したり、極限値の計算のイメージを持つことができます。

$\frac{\sin x}{x}$ のプロットを作成し、$x = 0$ における値を確認します。

In [15]:

```
plot(sin(x) / x, (x, -4*pi, 4*pi))
```

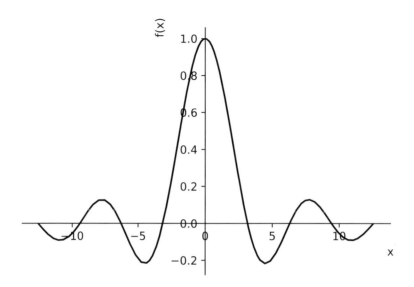

図 3.6: $\frac{\sin x}{x}$ のグラフ

図 3.6 から $x = 0$ で 1 となることがわかります。

　簡単に求められない極限値でも、コンピュータを使用することで計算できる場合があります。ただし、コンピュータに計算させるだけでなく、プロットを作成して結果を確認することも重要であることを覚えておきましょう。

3.6 ┃ 自然対数の底 e

　自然対数の底である e を見ていきましょう。e はネイピア数とも呼ばれ、スイスの大数学者ベルヌーイは、以下の式で e を定義しています。

$$e = \lim_{n \to \infty} \left(1 + \frac{1}{n} \right)^n \tag{3.16}$$

　式 (3.16) の $\left(1 + \frac{1}{n} \right)$ は $n \to \infty$ において $\left(1 + \frac{1}{n} \right) \to 1$ となりますが、$\left(1 + \frac{1}{n} \right)$ の指数が n であるため、直感的に極限値を求めることは難しそうです。limit 関数を使用して、式 (3.16) の極限値を計算してみましょう。

In [16]:

```
# 無限記号 oo のインポート
from sympy import oo

# n は正の実数であるため real=True と positive=True を指定
n = symbols('n', real=True, poitive=True)

# e の極限値を計算
e_0 = limit((1 + 1/n)**n, n, oo)
e_0
```

Out[16]:

e

limit 関数の計算結果は期待通り e であることがわかります。

定数 e の数式を数値で表示することを、数式を評価するといいます。数式の評価には evalf メソッドを使用します。

In [17]:

```
# evalf メソッドで数式を評価
e_0.evalf(6)
```

Out[17]:

2.71828

e はおおよそ 2.72 であることがわかります。ここでは、evalf(6) とすることで e を 6 桁で評価しています。数式を評価するときの表示桁数は、evalf の引数で変更することができます。20 桁まで評価した場合は次のようになります。

In [18]:

```
e_0.evalf(20)
```

```
Out[18]:
```

2.7182818284590452354

limit 関数の結果から、$n \to \infty$ で $\left(1 + \frac{1}{n}\right)^n \to e$ に収束することがわかります。e に収束する様子をプロットを作成して確認します。

```
# 極限値が e に収束する様子をプロット
p = plot((1 + 1/n)**(n), e_0, (n, 0.1, 100),
         show=False, legend=True)

p[0].line_color = 'b'
p[1].line_color = 'r'

p.show()
```

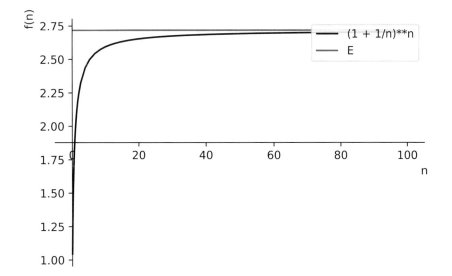

図 3.7: $\left(1 + \frac{1}{n}\right)^n$ のグラフ

図 3.7 のプロットから n を大きくしていくと、$\left(1 + \frac{1}{n}\right)^n$ は $e = 2.72$ に近づいていくことがわかります。

後の章で見るように、自然対数 e を底にした指数関数 e^x には、微分積分において重要な性質があります。ここでは、自然対数 e は極限値 $e = \lim_{n \to \infty} \left(1 + \frac{1}{n}\right)^n$ で定義できることを覚えてください。

3.7 │ 円周率の計算

極限値の計算例として、級数を利用して円周率を計算します。**級数**とは、数列 $\{a_n\}$ を 1 つ目の項から $n = \infty$ まで足し合わせた和のことです。数式で記すと、数列 $\{a_n\}$ の級数 s は次の式になります。

$$s = \sum_{n=1}^{\infty} a_n \tag{3.17}$$

級数とは数列を「限りなく」足し合わせた和になります。

ここで、$\sum$（シグマと呼びます）は和を計算する記号です。例えば

$$a_1 + a_2 + a_3 + a_4 + a_5$$

は $\sum$ の記号を使用すると、次の式で書くことができます。

$$s = \sum_{n=1}^{5} a_n = a_1 + a_2 + a_3 + a_4 + a_5$$

$\sum$ 記号は後の章で登場するので、記号の意味をここで確認しましょう。

数列 $a_n = \frac{1}{n^2}$ を $n = 1$ から $n = \infty$ まで足し合わせた級数 S は、次の式のように、$\frac{\pi^2}{6}$ に収束することが知られています。

$$S = \sum_{n=1}^{\infty} \frac{1}{n^2} = \frac{1}{1^2} + \frac{1}{2^2} + \frac{1}{3^2} + \cdots = \frac{\pi^2}{6} \tag{3.18}$$

級数 S を計算することで、円周率 π を見積もることができます。

SymPy を使用して級数 S を計算します。数列和のオブジェクト sum_pi を作成します。

In [20]:

```
# 和を計算する Sum をインポート
from sympy import Sum
k, n = symbols('k n')

# Sum(関数，(変数，始点，終点))で和の計算のシンボルを生成
sum_pi = Sum(1/k**2, (k, 1, n))
sum_pi
```

Out[20]:

$$\sum_{k=1}^{n} \frac{1}{k^2}$$

インポートした Sum 関数は、数列の和 (Summation) を計算するモジュールです。数式表示のみの遅延評価であるため、この段階では和の計算は実行されていません。

limit 関数を使い、級数 S を計算します。

```
In [21]:
```

```
# doit メソッドで計算を実行
s_val = limit(sum_pi.doit(), n, oo)
s_val
```

```
Out[21]:
```

$$\frac{\pi^2}{6}$$

limit 関数の結果から、次の式を確認できます。

$$\lim_{n \to \infty} \sum_{k=1}^{n} \frac{1}{k^2} = \sum_{n=1}^{\infty} \frac{1}{n^2} = \frac{\pi^2}{6} \tag{3.19}$$

級数 S から円周率を求めるため、$\sqrt{6S}$ を計算します。

```
In [22]:
```

```
# 平方根 sqrt をインポート
from sympy import sqrt
```

```
# 円周率を計算
sqrt(6 * s_val)
```

```
Out[22]:
```

π

$\sqrt{6 \cdot \frac{\pi^2}{6}} = \pi$ となり、級数 S から円周率 π を計算できます。

級数 S を利用して、円周率の値を計算してみましょう。数列の和

$$\sum_{k=1}^{n} \frac{1}{k^2} \tag{3.20}$$

の n に対する変化を確認します。

```
In [23]:
```

```
from sympy import lambdify

# lambdify(変数，関数) を使用して数値計算可能な関数 f を作る
f = lambdify(n, sqrt(6*sum_pi))
```

ここでは lambdify 関数を使用して、sqrt(6*sum_pi) の数値計算をするためのオブジェクト f を作成します。f は n を変数とした $\sqrt{6\sum_{k=1}^{n} \frac{1}{k^2}}$ のオブジェクトになります。$n = 10$ のときの f を評価します。

```
In [24]:
```

```
# n = 10 の f を計算
f(10)
```

```
Out[24]:
```

3.04936163598207

円周率 3.14 に近い値ですが、$n = 10$ では収束していないようです。n をさらに大きくし、$n = 1000$ のときの値を見てみましょう。

```
In [25]:
```

```
f(1000)
```

```
Out[25]:
```

3.14063805620599

$n = 1000$ の計算結果は、$\pi = 3.141592654$ に対して 0.001%以下の誤差に収まります。

n を大きくしたときの $\sqrt{6\sum_{k=1}^{n} \frac{1}{k^2}}$ の様子をプロットしましょう。

```
In [26]:
```

```
# NumPy を名前 np でインポート
import numpy as np
```

```
# Matplotlib の pyplot を名前 plt でインポート
import matplotlib.pyplot as plt

# NumPy の logspace を使用して、対数スケールで均等になる点を作成
n_array = np.logspace(1, 6, 20, dtype='int')

# リスト内包表記を使用
sum_array = [f(n_array[i]) for i in range(len(n_array))]

# Matplotlib を使用してプロットを作成する
# プロットエリアの作成
fig = plt.figure(figsize=(8,8))
ax = fig.add_subplot(111)

# f(n) の計算結果 sum_array と円周率 pi をプロット
ax.plot(n_array, sum_array, marker='o')
ax.plot(n_array, np.pi*np.ones(20))

# x軸を対数スケールに設定
ax.set_xscale('log')

# 軸ラベルの設定
ax.set_xlabel('n')
ax.set_ylabel('s')

# プロットの表示
plt.show()
```

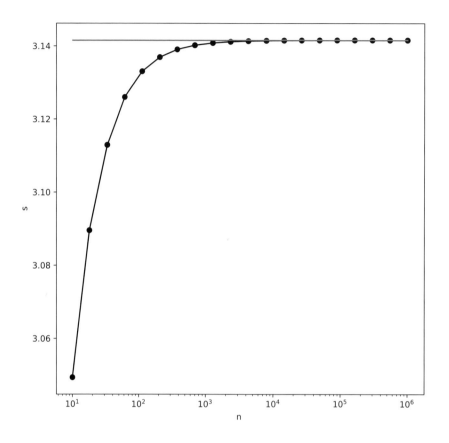

図 3.8: 円周率の計算のプロット

n を大きくしていくと、円周率 π に近づいていくことがわかります。

まとめ

- 微分積分では、「x を限りなく a に近づける」などの「限りなく」という表現が登場します。この「限りなく」を数学で表現するのが極限です。

- 極限の計算では、収束・発散の考え方が登場します。イメージを持つためには、プロッ

トを作成して関数を可視化することが有効です。

- Python を使えば極限値の計算ができるので、いろいろな極限値を計算してみましょう。

CHAPTER

04

TITLE

微分の基本

本題の微分の登場です。微分積分は、数世紀前にニュートンとライプニッツが、それぞれ独立に発明したと言われています。発明者の一人であるニュートンは、微分を発明して、物体の運動を定式化することで、さまざまな物理現象の解析をしました。微分は物体の運動などの物理学につながりがあるだけでなく、他の理工分野や金融、経済の分野においても活用されています。

本章では、微分の基本的な考え方を、データのプロットと傾きを Python で計算することで学びます。章の後半では、SymPy を使用して 2 次関数や三角関数などの基本的な関数の微分を見ていきます。

4.1 | 微分を理解するために

微分を理解するためのキーワードは、**変化量**と**変化率**です。このキーワードの理解が、微分を理解するポイントになります。Python を使用する本書では、具体的なデータのプロットを作成することで、変化量と変化率の解説を試みます。

4.2 | データのプロットと変化率

微分の理解には、関数やデータの変化率の考え方を知る必要があります。ここではデータのプロットを作成することで、変化率の考え方を見ていきます。具体的には、日本の人口データのプロットを作成し、プロットから日本の人口データの変化率を見ます。Pythonのデータプロットの作成を学ぶとともに、微分の理解に必要な基本的な考え方に迫りましょう。

4.2.1 データのプロット

2 章では、2 次関数や三角関数などの関数のプロットに SymPy を使いました。本節のプロットで使用する日本の人口データは数値データです。数値データのプロットの作成には、配列処理ライブラリの NumPy と、グラフ描画ライブラリの Matplotlib を使います。NumPy と Matplotlib は、Python のデータ分析で一般的に知られているライブラリです。

はじめに、プロットを作成するために NumPy と Matplotlib をインポートします。

In [1]:

```
# NumPy を名前 np でインポート
import numpy as np
```

```
# Matplotlib の plyplot を名前 plt でインポート
import matplotlib.pyplot as plt

%matplotlib inline
```

次に日本の人口データを読み込みます。使用する日本の人口データ jp_population.csv には、1910 年から 2015 年までの 5 年間隔の日本の人口（単位:千人）が保存されています。

In [2]:

```
# 日本の人口データの csv ファイルを読み込む
data_jp_population = np.loadtxt('../data/jp_population.csv',
                               delimiter=',')
```

NumPy の np.loadtxt 関数を使い、csv ファイルの jp_population.csv を読み込みます。csv ファイルはカンマ',' 区切り形式のデータファイルのため、データ区切り文字は delimiter=',' に指定します。データ jp_population.csv の中身を表 4.1 に示します。

年	人口（千人）
1910	49184
1915	52752
1920	55963
1925	59737
1930	64450
1935	69254
1940	73075
1945	71998
1950	83200
1955	89276
1960	93419
1965	98275
1970	103720
1975	111940
1980	117060
1985	121049
1990	123611
1995	125570
2000	126926
2005	127768
2010	128057
2015	127095

表 4.1: 日本の人口変化データ

読み込んだ人口データは千人単位です。次のコードの jp_pop = data_jp_population[:,
1] / 1000 では百万人単位に変換します。

In [3]:

```
# 1列目が人口の集計年、2列目が人口
year = data_jp_population[:, 0]
jp_pop = data_jp_population[:, 1] / 1000   # 百万人単位に変換
```

CALCULUS WITH PYTHON

```python
# データの始め 5 点を出力
print('Year: {0}'.format(year[:5]))
print('Population: {0}'.format(jp_pop[:5]))
```

Out[3]:

```
Year: [1910. 1915. 1920. 1925. 1930.]
Population: [49.184 52.752 55.963 59.737 64.45 ]
```

データのプロットを作成する前に、year と jp_pop の配列の内容を整理します (表 4.2)。

表 4.2: データのまとめ

配列	内容
year	1910 年から 2015 年まで 5 年間隔の人口集計年
jp_pop	year の人口集計年における日本の人口（単位：百万人）

year と jp_pop の配列の内容を確認したら、横軸 year、縦軸 jp_pop の日本の人口データのプロットを作成します。

In [4]:

```python
# キャンバスの作成
# figsize で (横, 縦) の大きさを指定
fig = plt.figure(figsize=(8, 8))
# キャンバス上にグラフを描画するための領域を作る
ax = fig.add_subplot(111)

# 横軸を年、縦軸を人口でプロットする
ax.plot(year, jp_pop, marker='o')
# グラフにタイトルをつける
ax.set_title('Population in Japan')
# X 軸にラベルをつける
ax.set_xlabel('Year')
# Y 軸にラベルをつける
```

```
ax.set_ylabel('Population in million')
# グリッドを表示する
ax.grid()
#グラフの表示
plt.show()
```

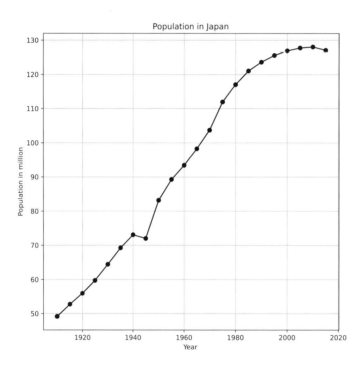

図 4.1: 日本の人口データのプロット

図 4.1 は作成した日本の人口データのプロットです。プロットから読み取れる日本の人口データの特徴は以下になります。

- 1945 年の点を除き 1910 年から 2010 年にかけて、人口は右肩上がりに増加

- 1980 年以降の人口は緩やかに増加

- 人口は 2010 年をピークにして、減少に変化

特徴には「右肩上がりに増加」、「緩やかに増加」や「減少に変化」の表現があります。データを解析するためには、これらの表現を定量化する必要があります。そこで着目するのが、人口の変化量です。

4.2.2 人口の変化量

ある期の人口の変化量を「当期の人口の変化量」と呼ぶことにします。当期の人口の変化量を次の式で定義します。

$$（当期の人口の変化量）=（当期の人口）-（前期の人口） \tag{4.1}$$

例えば、「2015 年の人口の変化量」は

$$（2015 年の人口の変化量）=（2015 年の人口）-（2010 年の人口） \tag{4.2}$$

です。

2015 年の人口の変化量を計算します。計算には、2015 年の人口 jp_pop[21] と 2010 年の人口 jp_pop[20] を使用します。

In [5]:

```
# 2015 年の人口の変化量，単位は百万人
jp_pop[21] - jp_pop[20]
```

Out[5]:

```
-0.9619999999999891
```

2015 年の人口の変化量は約 −0.96 百万人です。マイナスの符号は、人口の減少を意味します。つまり、日本の人口は 2010 年から 2015 年の 5 年間で 0.96 百万人減少したことになります。一方で、人口の変化量がプラスの符号であることは、人口の増加を意味します。人口の変化量の符号に着目すると、人口の減少と増加がわかります。

1910 年から 2015 年までの人口の変化量を計算します。各期の人口変化量は、jp_pop の配列データの各要素の差分 jp_pop[i] - jp_pop[i-1] から求まります。

```
In [6]:

# diff_jp_pop[i] = jp_pop[i+1] - jp_pop[i]
diff_jp_pop = np.diff(jp_pop, n=1)

# 2000 年、2010 年、2015 年の人口変化を表示
print('Population: {0}'.format(diff_jp_pop[-3:]))

Out[6]:

Population: [ 0.842  0.289 -0.962]
```

人口の変化量 jp_pop の配列要素間の差分の計算では、NumPy の np.diff 関数を使います。np.diff 関数の結果は、diff_jp_pop に格納します。print 表示した 2000 年、2010 年、2015 年の人口の変化量からは、2000 年から 2015 年にかけて減少し、2015 年はマイナス符号となることがわかります。

4.2.3　人口の変化率

　人口の変化量は（当期の人口）−（前期の人口）から計算します。ただし、当期と前期の間隔が均等でないと、人口の変化量を一律に比較することは難しくなります。そこで、当期と前期の間隔によらない人口の変化率を考えます。
　人口の変化率は

$$（当期の人口の変化率）= \frac{（当期の人口の変化量）}{（当期と前期の時間変化量）} \tag{4.3}$$

と定義します。例えば、2015 年の人口の変化率は、当期（2015 年）と前期（2010 年）の時間変化量は 5 年であることから、

$$（2015 年の人口の変化率）= \frac{（2015 年の人口の変化量）}{5 年} \tag{4.4}$$

の式で計算できます。
　人口の変化率を計算するために、「当期と前期の時間変化量」の時間変化量を求めましょう。時間変化量はデータの年間隔に基づいて計算します。

```
In [7]:

# データの年間隔を計算
diff_year = np.diff(year, n=1)
```

```
print('Year: {0}'.format(diff_year[:5]))
```

Out[7]:

Year: [5. 5. 5. 5. 5.]

year の配列要素の差分は、np.diff 関数を使用して計算します。出力結果から、データの年間隔は 5 年であることを確認できます。

人口の変化量と時間変化量のデータの準備ができたので、人口の変化率を計算します。

In [8]:

```
# 人口の変化率を、人口の変化量 / 時間変化量から計算
ave_diff_rate_jp_pop = diff_jp_pop / diff_year

print('Population rate: {0}'.format(ave_diff_rate_jp_pop[:5]))
```

Out[8]:

Population rate: [0.7136 0.6422 0.7548 0.9426 0.9608]

人口の変化率は、ave_diff_rate_jp_pop に格納します。データの単位は「百万人/年」であり、1 年間あたりの人口の変化量を示しています。print 表示からは、1915 年から 1935 年の人口の変化率は、すべてプラス符号であることがわかります。このことは、1915 年から 1935 年の期間において、日本の人口は増加したことを示しています。

4.2.4 人口の変化率プロット

人口の変化率 ave_diff_rate_jp_pop のプロットを作成します。

In [9]:

```
# 人口の変化率のプロットの作成
fig = plt.figure(figsize=(8, 8))
ax = fig.add_subplot(111)
```

```
# 人口の変化率をプロット
ax.plot(year[1:], ave_diff_rate_jp_pop, marker='o')
# 横軸: 年 (Year)
ax.set_xlabel('Year')
# 縦軸: 人口変化率 (Differential population)
ax.set_ylabel('Differential population in million per year')
# グリッドを表示する
ax.grid()

plt.show()
```

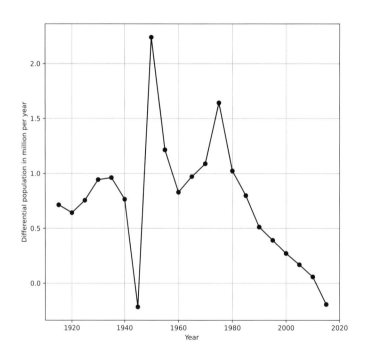

図 4.2: 日本の人口変化率

図 4.2 が日本の人口の変化率のプロットです。プロットからは以下の特徴がわかります。

- 1945 年を除き、1910 年から 2010 年にかけて人口の変化率は正の値

- 1980 年以降は人口の変化率は減少

- 2015 年で人口の変化率が正の値から負の値になる

日本の人口のプロット（図 4.1）を次の増減表にまとめます。

年	1910	⋯	1980	⋯	2015
人口の変化率	＋	＋	＋	↘ 減少	－
人口	↗ 増加	↗	↗	→	↘

増減表から次の点が読み取れます。

- 1945 年を除く 1910 年から 1980 年の期間において、人口の変化率は＋（プラス）の正の値。この期間において人口は増加（↗）する。

- 1980 年から 2015 年にかけては、人口の変化率は減少。人口の増加は止まり、2015 年では人口は減少。

- 人口変化率が、1980 年の＋から 2015 年の－（マイナス）に符号が変わる年がある。この年に人口は最大となる。

ここまで、日本の人口のデータとその変化率のプロットを行いました。データの変化率のプロットからわかるように、変化率がわかると元のデータの変化を読み取ることができます。以降の節で学ぶ微分は、一言でいうと関数の変化率を求める演算です。本節で実施した変化率のイメージを持ちつつ学習を進めていきましょう。

コラム：人口の変化率

ここでは日本の人口のプロットの変化率（図 4.2）のその他の特徴をまとめます。

- 1945 年の人口の変化率はマイナス（第二次世界大戦）

- 戦後 1950 年の人口の変化率が大きい（第一次ベビーブーム）

- 1975 年の人口の変化率が大きい (第二次ベビーブーム)

2015 年の変化率は 1945 年の変化率と同程度であり、日本の人口が減少しているこ

とを示しています。

4.3 | 平均変化率

4.2 節では、5 年間隔で記録された日本の人口データを使い、日本の人口の変化率を計算しました。この変化率を、5 年間隔の日本の人口の**平均変化率**と呼びます。平均変化率は、数学の言葉では以下の定義になります。

平均変化率

関数 $f(x)$ に対して

$$\frac{f(b) - f(a)}{b - a} \tag{4.5}$$

を、x が a から b まで変化するときの関数 $f(x)$ の平均変化率と呼ぶ。

日本の人口データを例にとると、2010 年から 2015 年の人口の平均変化率は

$$(2010\text{ 年から }2015\text{ 年の人口平均変化率}) = \frac{(2015\text{ 年の人口}) - (2010\text{ 年の人口})}{2015\text{ 年} - 2010\text{ 年}} \tag{4.6}$$

です。「平均」が付くのは、2010 年から 2015 年の期間における人口の変化を均した、平均を計算しているためです。

平均変化率はある区間の関数の変化率であるのに対し、微分は局所的な関数の変化率を求めることです。詳細は後ほど解説するので、ここでは平均変化率と微分に関係性があることを覚えておきましょう。

ここからは、日本の人口データから離れ、具体的な関数の平均変化率を計算します。例として、2 次関数 $f(x) = x^2$ を考え、2 次関数上の 2 つの点 $(1, f(1))$、$(2, f(2))$ の平均変化率を計算します。平均変化率の計算式は式 (4.5) から、

$$\frac{f(2) - f(1)}{2 - 1} \tag{4.7}$$

です。SymPy を使用して、平均変化率を計算します。

```
In [10]:
```

```python
# 平均変化率の計算
from sympy import symbols, init_printing

init_printing(use_latex='mathjax')

# 変数と関数
x = symbols('x')
f = x**2

# (1, f(1)) と (2, f(2)) の平均値変化率
(f.subs(x, 2) - f.subs(x, 1)) / (2 - 1)
```

```
Out[10]:
```

3

$f(x) = x^2$ のシンボル f = x**2 を作成し、subs メソッドを使い、x に値を代入します。出力結果からは、関数 $y = x^2$ の 2 つの点 $(1, f(1))$、$(2, f(2))$ における平均変化率は 3 と求まります。

念のため、手計算をしておきましょう。手計算で求める平均変化率は

$$\frac{2^2 - 1}{2 - 1} = \frac{4 - 1}{1} = 3 \tag{4.8}$$

となり、SymPy から求めた平均変化率と一致することを確認できます。

平均変化率は、後ほど繰り返し計算するため、平均変化率を計算する関数 ave_rate(f, a, b) を作成します。

```
In [11]:
```

```python
# 平均変化率を出力する関数、f は symbol、a,b は数値または symbol
def ave_rate(f, a, b):
    return (f.subs(x, b) - f.subs(x, a))/(b - a)
```

ave_rate(f, a, b) は、$f(x)$ 上の 2 点 $(a, f(a))$ と $(b, f(b))$ の平均変化率を計算する関数です。

`ave_rate(f, a, b)` を使い、$f(x) = x^2$ 上の 2 つの点 $(1, f(1))$、$(2, f(2))$ の平均変化率を計算します。

```
# (1, f(1)) と (2, f(2)) の平均変化率を計算
ave_rate(f, 1, 2)
```

Out[12]:

3

式 (4.8) と同じ結果を確認できます。

4.4 　直線の方程式

4.3 節において計算した平均変化率は、関数 $y = f(x)$ の上の 2 点 $(x, y) = (a, f(a))$ と $(x, y) = (b, f(b))$ を通る直線の**傾き**に相当します。後ほど登場する微分の準備として、ここでは直線の方程式を解説します。

$y = f(x)$ の上の 2 点 $(x, y) = (a, f(a))$ と $(x, y) = (b, f(b))$ を通る直線の方程式は

$$y = m\,(x - a) + f(a) \tag{4.9}$$

です。m は直線の傾きで、以下の式で与えられます。

$$m = \frac{f(b) - f(a)}{b - a} \tag{4.10}$$

平均変化率式 (4.5) と、直線の傾きを表す式 (4.10) は同じ式になります。このことから、2 点 $(a, f(a))$ と $(b, f(b))$ の平均変化率と、2 点 $(a, f(a))$ と $(b, f(b))$ を通る直線の傾き m は等しいことがわかります。

　式 (4.9) が、$y = f(x)$ 上の 2 点 $(x, y) = (a, f(a))$ と $(x, y) = (b, f(b))$ を通る直線の方程式となること確認します。$f(x) = x^2$ 上の 2 点 $(1, f(1))$ と $(2, f(2))$ を通る式を計算します。

In [13]:

```
# 2点 (1, f(1)) と (2, f(2)) を通る直線の方程式
ave_rate(f, 1, 2)*(x - 2) + f.subs(x, 2)
```

Out[13]:

$3x - 2$

直線の傾きは、平均変化率を求める `ave_rate` 関数を使い計算します。$f(x) = x^2$ 上の 2 点 $(1, f(1))$ と $(2, f(2))$ を通る直線の方程式は $y = 3x - 2$ です。

2 点を通る直線の方程式は、この後も繰り返し計算するため、直線の方程式を出力する関数を作成します。

CHAPTER

01

02

03

04 ∎

05

06

07

08

In [14]:

```
# 関数 f(x) 上の 2 点 (a, f(a)) と (b, f(b)) を通る直線の式を出力する関数
def line_bw_2pts(f, a, b):
    return ave_rate(f, a, b) * (x - a) + f.subs(x, a)
```

2 点を通る直線の方程式を出力する関数 `line_bw_2pts` を使い、$f(x) = x^2$ 上の 2 点 $x = 1$ と $x = 2$ を通る直線の方程式を計算します。

In [15]:

```
line_bw_2pts(f, 1, 2)
```

Out[15]:

$3x - 2$

出力結果は先ほど計算した $3x - 2$ と同じ結果です。

$y = 3x - 2$ が $f(x) = x^2$ 上の 2 点 $(1, f(1))$ と $(2, f(2))$ を通る直線であることを、プロットを作成し確認します。

In [16]:

```
# 2点を通る直線のプロットを作成
from sympy.plotting import plot
```

```python
# プロットの設定に Matplotlib から rcdefaults をインポート
from matplotlib import rcdefaults
import matplotlib.pyplot as plt


p = plot(f,line_bw_2pts(f, 1, 2),
        show=False, legend=True)


# 表示範囲の設定
p.xlim = [0, 2.5]
p.ylim = [-4, 8]


# プロットの色の設定
p[0].line_color = 'g'
p[1].line_color = 'c'


# グラフ凡例の設定。数式表示のために'$'で囲む
p[0].label = '$x^2$'
p[1].label = '$a=1, b=2$'


# プロットの設定
rcdefaults()
plt.rcParams['figure.figsize'] = 6, 6  # プロットサイズ
plt.rcParams['legend.loc'] = 'upper left'  # 凡例の表示位置
plt.rcParams['axes.grid'] = True  # グリッドの表示


# プロットの表示
p.show()
```

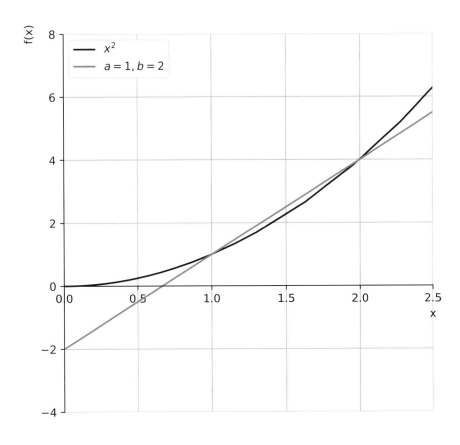

図 4.3: 2 点を通る直線の方程式

図 4.3 から、$y = 3x - 2$ は $y = x^2$ 上の $(1, 1)$、$(2, 4)$ の 2 点を通る直線であることを確認できます。

　本節では、2 点を通る直線の方程式の計算とプロットの作成をしました。ポイントとなるのは、2 点 $(a, f(a))$ と $(b, f(b))$ の平均変化率と、2 点 $(a, f(a))$ と $(b, f(b))$ を通る直線の傾き m が等しいことです。

4.5 | 局所的な 2 点を通る直線

4.4 節では、関数 $f(x)$ 上の 2 点 $(a, f(a))$ と $(b, f(b))$ の平均変化率と、2 点を通る直線の方程式の計算をしました。本節では、関数 $f(x)$ 上の 2 つの座標点 $(a, f(a))$ と $(b, f(b))$ の x 座標が、限りなく近づいたときの直線の様子を見ます。この 2 つの座標点の x 座標を近づける操作は、微分において重要な考え方です。

2 つ点の x 座標を近づけたときの直線の様子を、プロットを作成し確認します。2 点を通る直線は、4.4 節で作成した、2 点を通る直線を出力する `line_bw_2pts` 関数を使います。$f(x) = x^2$ の 2 次関数上の点 $(a, f(a))$ と $(b, f(b))$ において、a は $a = 1$ に固定した状態で、b を $b = 3$、$b = 2$、$b = 1.1$ と $a = 1$ に近づけたときの、直線のプロットを作成します。

In [17]:

```
# 局所的な 2 点を通る直線のプロットの作成
p = plot((f, (x, 0, 4)),
         (line_bw_2pts(f, 1, 1.1), (x, 0, 4)),
         (line_bw_2pts(f, 1, 2), (x, 0, 4)),
         (line_bw_2pts(f, 1, 3), (x, 0, 4)),
         show=False, legend=True)

# 表示範囲の設定
p.xlim = [0, 3.1]
p.ylim = [-2, 9.1]

# プロットの色の設定
p[0].line_color = 'g'
p[1].line_color = '#0055FF'   # プロットの色を#rrggbb カラーコードで指定
p[2].line_color = '#2F80FF'
p[3].line_color = '#44A5FF'

# 凡例の設定
```

```
p[0].label = '$x^2$'
p[1].label = '$a=1, b=1.1$'
p[2].label = '$a=1, b=2$'
p[3].label = '$a=1, b=3$'

# プロットの設定
rcdefaults()
plt.rcParams['figure.figsize'] = 6, 8
plt.rcParams['legend.loc'] = 'upper left'
plt.rcParams['axes.grid'] = True

# プロットの表示
p.show()
```

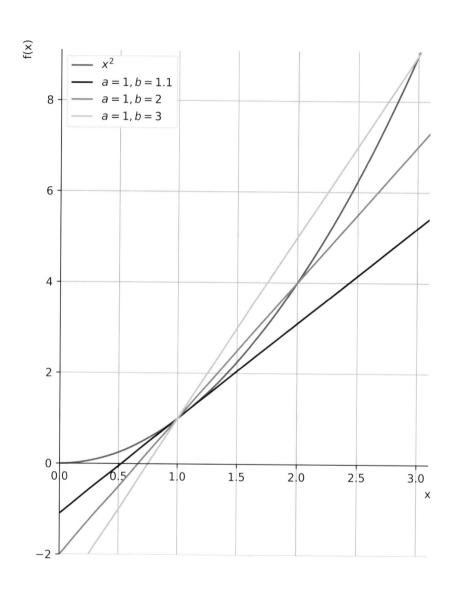

図 4.4: x^2 と 2 点を通る直線

b を $b = 3$、$b = 2$、$b = 1.1$ と $a = 1$ に近づけると、直線は $f(x) = x^2$ に接する直線に徐々

に変化することがわかります。このときの直線の傾きは $f(x) = x^2$ の $x = 1$ 付近の局所的な傾きに近づきます。このように 2 点を局所的に隣接していくと、その 2 点を通る直線は $f(x) = x^2$ に接する線となることがわかります。

4.6 | 微分係数

4.5 節では、関数 $f(x)$ 上の点 $(a, f(a))$ と点 $(b, f(b))$ を通る直線のプロットを作成し、$x = b$ を $x = a$ に近づけると、直線は関数 $f(x)$ に接する線になることを確認しました。

b を a に「限りなく」近づけると、直線の傾きである平均変化率（式 (4.5)）は、接する線の傾きと等しくなります。「限りなく」は、極限 $\lim_{b \to a}$ を使用して表現できます。b を a に限りなく近づけたときの平均変化率は

$$\lim_{b \to a} \frac{f(b) - f(a)}{b - a} \tag{4.11}$$

です。式 (4.11) を、関数 $f(x)$ の $x = a$ における**微分係数**と呼びます。関数 $f(x)$ の $x = a$ における微分係数は $f'(a)$ と書くことが多く、式 (4.11) から $f'(a)$ は次の式で与えられます。

$$f'(a) = \lim_{b \to a} \frac{f(b) - f(a)}{b - a} \tag{4.12}$$

式 (4.12) において、$h = b - a$ と置き換えると、$b = a + h$ であり、$b \to a$ のとき $h \to 0$ となるため、微分係数 $f'(a)$ は

$$f'(a) = \lim_{h \to 0} \frac{f(a + h) - f(a)}{h} \tag{4.13}$$

と書くことができます。この書き方を見ると、微分係数は $x = a$ と $x = a + h$ の間の局所的な傾きとなることがわかります。

このように 4.3 節で述べた平均変化率はある区間の関数の変化率であるのに対して、微分は局所的な関数の変化率になります。

4.7 | 微分する - 導関数

関数 $f(x)$ の $x = a$ における微分係数 $f'(a)$ が存在するとき、$f(x)$ は $x = a$ で**微分可能**であるといいます。このとき、関数 $f(x)$ が微分可能な各点 a に対して、1 つの微分係数 $f'(a)$ が決まります。この $f'(a)$ を $f(x)$ に対応させることで新しい関数を定めることができ、$f'(a)$ の a を x に置き換えた関数 $f'(x)$ を $f(x)$ の**導関数**と呼びます。$f(x)$ から $f'(x)$ を求めることを**微分**するといいます。

微分

関数 $f(x)$ の導関数 $f'(x)$ を

$$f'(x) = \lim_{h \to 0} \frac{f(x+h) - f(x)}{h}$$

で定義し、$f(x)$ から $f'(x)$ 求めることを**微分**すると呼ぶ。

表 4.3: 微分まとめ

言葉	意味
微分係数 $f'(a)$	$x = a$ の導関数 $f'(a)$ のこと
導関数 $f'(x)$	$f'(x) = \lim_{h \to 0} \frac{f(x+h)-f(x)}{h}$
微分する	導関数 $f'(x)$ を求めること

$f'(x)$ は $f(x)$ を x で微分した関数です。「x で微分する」演算子を $\frac{d}{dx}$ として、$f'(x)$ は

$$f'(x) = \frac{d}{dx}f$$

または、

$$f'(x) = \frac{df}{dx}$$

と記すことがあります。本書でも頻繁に使う記法であるため、ここで覚えておきましょう。$\frac{df}{dx}$ 記法は、微分積分の発明者であるライプニッツが使用した記法に由来して、ライプニッツの記法と呼ばれます。

4.8 │ 導関数の計算

微分の定義（式 (4.13)）を使用して、関数を微分してみましょう。例として、$f(x) = x^2$ を微分して得られる導関数 $f'(x)$ を計算します。極限値の計算では limit 関数を使用します。

In [18]:

```
# 定義式から微分を計算
from sympy import limit
h = symbols('h')

# 極限値の計算
limit((f.subs(x, x+h) - f) / h, h, 0)
```

Out[18]:

$$2x$$

$f(x) = x^2$ の微分は $f'(x) = 2x$ であることがわかります。手計算をすると以下の式になります。

$$\lim_{h \to 0} \frac{(x + h)^2 - x^2}{h} = \lim_{h \to 0} (2x + h) = 2x \tag{4.14}$$

手計算と SymPy の結果が一致することを確認できます。

SymPy には、関数の微分を計算する diff 関数があります。diff 関数を利用すると、微分を求めるために定義式に基づいて極限値を計算する必要はありません。diff 関数を使用して微分してみましょう。

In [19]:

```
# SymPy の diff 関数を使用して微分
from sympy import diff
diff(f, x)
```

Out[19]:

$$2x$$

diff(関数, 変数) とすることで、関数の微分が計算されます。diff 関数からも $f'(x) = 2x$ が得られることがわかります。

これ以降の微分計算では、diff 関数を使用します。コンピュータで微分を計算する場合でも、微分定義の式 (4.13) を忘れないようにしましょう。

4.9 | 高階微分

関数 $f(x)$ を微分して導関数 $f'(x)$ を求めた後、さらに導関数 $f'(x)$ の微分が必要になる場合があります。例えば、微分方程式（8章）で登場する運動方程式における加速度は、位置の導関数である速度をさらに微分したものです。

導関数 $f'(x)$ の微分 $f''(x)$ は

$$f''(x) = \lim_{h \to 0} \frac{f'(x+h) - f'(x)}{h} \tag{4.15}$$

と定義することができます。$f''(x)$ は $f(x)$ を2回微分して得られる導関数であるため、**2次導関数**と呼びます。ライプニッツの記法では $f''(x)$

$$f''(x) = \frac{d}{dx}\left(\frac{df}{dx}\right) = \frac{d^2 f}{dx^2} \tag{4.16}$$

と記します。

diff 関数を使用して、$f(x) = x^2$ の2階微分を計算します。

```
In [20]:
# f を x について 2 回微分する
diff(f, x, 2)
```

```
Out[20]:
2
```

diff(f, x, 2) とすることで、f の x についての2階微分を得ることができます。$f(x) = x^2$ の微分は $f'(x) = 2x$ です。そのため、$f'(x)$ の微分である2次導関数は次の計算で得られます。

$$\lim_{h \to 0} \frac{2(x+h) - 2x}{h} = \lim_{h \to 0} 2 = 2 \tag{4.17}$$

計算結果は diff 関数の出力と一致することを確認できます。

関数 $f(x)$ を2回以上微分することを**高階微分**と呼びます。$f(x)$ が n 回微分可能であるとすると、$f(x)$ を n 回微分した n 次導関数は

$$f^{(n)}(x) \tag{4.18}$$

と書きます。また、ライプニッツの記法では

$$\frac{d^n}{dx^n} f(x) \tag{4.19}$$

と記します。

4.10 | 積・商の微分

微分に存在するさまざまな公式のなかで、代表的な公式として、関数の掛け算の微分に関する「積」の微分の公式と、関数の割り算の微分に関する「商」の微分の公式を紹介します。

積の微分:

$$(f(x)g(x))' = f'(x)g(x) + f(x)g'(x) \tag{4.20}$$

商の微分:

$$\left(\frac{f(x)}{g(x)}\right)' = \frac{f'(x)g(x) - f(x)g'(x)}{g(x)^2} \tag{4.21}$$

コンピュータを使用して微分を計算する場合は、この公式を使用する必要はありませんが、微分計算の基本として確認しておきます。ここでは「SymPy ができること」の例として積・商の微分の公式を計算します。

はじめに、積の微分を確認します。

In [21]:

```python
from sympy import Function
x = symbols('x', real=True)

# 関数 Function として f と g を定義する
f = Function('f')
g = Function('g')

# 積の微分
diff(f(x) * g(x), x)
```

Out[21]:

$$f(x)\frac{d}{dx}g(x) + g(x)\frac{d}{dx}f(x)$$

SymPy の微分結果はライプニッツの記法で出力されますが、計算結果は積の微分公式と一致していることがわかります。

次に、商の微分を確認します。

In [22]:

```
# 商の微分
diff(f(x) / g(x))
```

Out[22]:

$$-\frac{f(x)\frac{d}{dx}g(x)}{g^2(x)} + \frac{\frac{d}{dx}f(x)}{g(x)}$$

SymPy の微分結果は公式と異なって見えますが、$g(x)^2$ で通分すると

$$-\frac{f(x)\frac{d}{dx}g(x)}{g^2(x)} + \frac{\frac{d}{dx}f(x)}{g(x)} = \frac{\frac{d}{dx}f(x) \cdot g(x) - f(x) \cdot \frac{d}{dx}g(x)}{g(x)^2} \tag{4.22}$$

となるため、商の微分公式と一致することがわかります。

4.11 | 関数の微分

SymPy を使用すると、簡単に関数の微分ができます。ここでは、2次関数、三角関数、対数関数、指数関数の基本的な関数を微分してみましょう。微分計算とともに、導関数のプロットを作成します。

関数 $f(x)$ を入力すると、$f(x)$ の微分である導関数 $f'(x)$ を計算し、$f(x)$ と $f'(x)$ のグラフを出力する `diff_and_mk_graph` 関数を作成します。

In [23]:

```
# 凡例の数式表示のために LaTeX をインポート
from sympy import latex
```

```
# プロット設定の初期化
rcdefaults()

# 関数 f の微分を計算しプロットを作成する関数
def diff_and_mk_graph(f, x_range=[-4, 4], y_range=[0, 0]):
    # f と微分 diff(f) のプロットを作成
    p = plot(f, diff(f), (x, x_range[0], x_range[1]),
            show=False, legend=True)
    if(y_range != [0, 0]):
        p.ylim = [y_range[0], y_range[1]]
    # プロットの色の設定
    p[0].line_color = 'b'
    p[1].line_color = 'r'
    # 凡例の設定
    p[0].label = f'Original: ${latex(f)}$'
    p[1].label = f'Differential: ${latex(diff(f))}$'
    # プロットの表示
    p.show()
```

diff_and_mk_graph の引数は関数 f です。グラフの描画範囲はデフォルト引数 x_range と y_range で設定されます。

4.11.1 2次関数の微分

2次関数

$$f(x) = x^2 \tag{4.23}$$

を微分します。

In [24]:

```
diff_and_mk_graph(x**2)
```

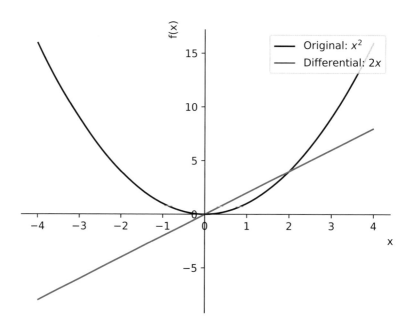

図 4.5: 2 次関数 x^2 と 1 次導関数のグラフ

4.8 節で計算したように、$f(x) = x^2$ を微分すると、$f'(x) = 2x$ となります。

4.11.2　n 次関数の微分

n を実数とする n 次関数

$$f(x) = x^n \tag{4.24}$$

を微分します。

```
In [25]:

n = symbols('n')
diff(x**n, x)
```

Out[25]:

$$\frac{nx^n}{x}$$

x の指数を計算し、$\frac{nx^n}{x}$ の分母の x を削除します。

In [26]:

```python
from sympy import powsimp

# x**n/x の指数計算をする
powsimp(diff(x**n, x))
```

Out[26]:

nx^{n-1}

`powsimp` 関数を使うと、入力された数式の指数部分が簡略化されます。$n = 2$ としたとき nx^{n-1} は

$$2x^{2-1} = 2x \tag{4.25}$$

となります。x^2 の微分結果との一致を確認できます。

> **x^n の微分**
>
> n を実数とするとき n 次関数 x^n の微分は
>
> $$\frac{d}{dx}x^n = nx^{n-1} \tag{4.26}$$

3 次関数 x^3 の微分を見ておきましょう。

In [27]:

```python
diff_and_mk_graph(x**3)
```

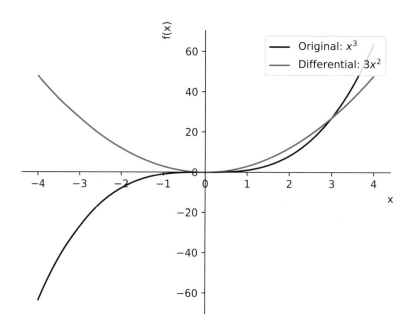

図 4.6: 3 次関数 x^3 と 1 次導関数のグラフ

4.11.3　三角関数の微分

三角関数

$$\sin x \qquad \cos x \qquad \tan x \tag{4.27}$$

の微分をしましょう。

In [28]:

```
from sympy import sin, cos, tan, pi
diff_and_mk_graph(sin(x))
```

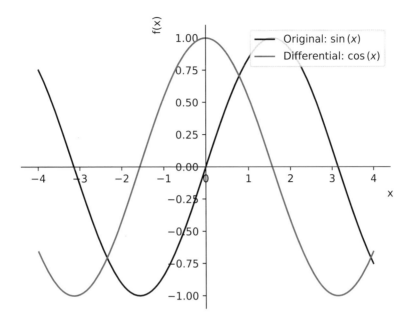

図 4.7: $\sin x$ とその微分

$\sin x$ を微分すると、$\cos x$ になることがわかります。では、$\cos x$ を微分するとどうなる
でしょうか。

In [29]:

```
diff_and_mk_graph(cos(x))
```

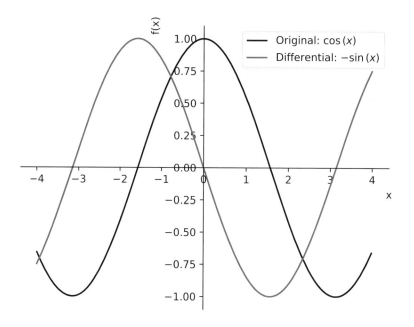

図 4.8: $\cos x$ とその微分

　$\cos x$ を微分すると、$-\sin x$ になることがわかります。$\sin x$ と $\cos x$ の微分をまとめると以下になります。

─ $\sin x$ と $\cos x$ の微分 ─────────────

$$\frac{d}{dx}\sin x = \cos x \tag{4.28}$$

$$\frac{d}{dx}\cos x = -\sin x \tag{4.29}$$

　$\tan x$ を微分します。

In [30]:

```
diff_and_mk_graph(tan(x), [-pi/2, pi/2], [-10, 10])
```

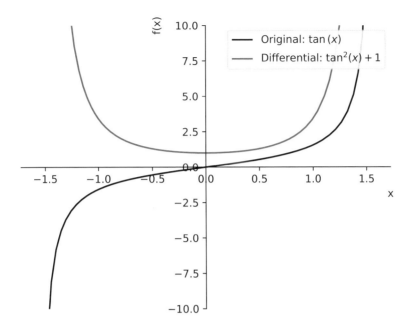

図 4.9: $\tan x$ とその微分

$\tan x$ を微分すると、$\tan^2 x + 1$ になることがわかります。$\tan x = \frac{\sin x}{\cos x}$ に商の微分の公式を使用すると、次の計算ができます。

$$
\begin{aligned}
\frac{d}{dx}\tan x &= \frac{d}{dx}\left(\frac{\sin x}{\cos x}\right) \\
&= \frac{(\sin x)'\cos x - \sin x(\cos x)'}{\cos^2 x} \\
&= \frac{\cos^2 x + \sin^2 x}{\cos^2 x} \\
&= 1 + \tan^2 x
\end{aligned}
\tag{4.30}
$$

ここで $(\sin x)' = \cos x$、$(\cos x)' = -\sin x$ を使用しています。$\tan x$ の微分をまとめると、以下になります。

$\tan x$ **の微分**

$$
\frac{d}{dx}\tan x = \tan^2 x + 1
\tag{4.31}
$$

101

また、三角関数の公式 $\tan^2 x + 1 = \frac{1}{\cos^2 x}$ を使用すると、$\frac{d}{dx}\tan x = \frac{1}{\cos^2 x}$ になります。

4.11.4 対数関数の微分

底を e とする対数関数

$$f(x) = \log x \tag{4.32}$$

を微分します。底を e とする対数関数は、$\log_e x$ の e を省略して $\log x$ のように記します。

In [31]:

```
from sympy import log
diff_and_mk_graph(log(x), [0.001, 4.000], [-10, 10])
```

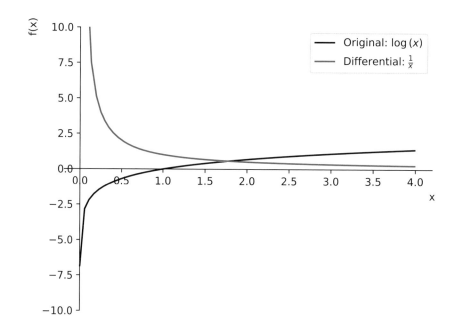

図 4.10: $\log x$ とその微分

$\log x$ を微分すると、$\frac{1}{x}$ となることがわかります。微分の定義式 (式 (4.13)) を使用して、微分を計算すると次のようになります。

$$\begin{aligned}
\frac{d}{dx}\log x &= \lim_{h\to 0}\frac{\log(x+h)-\log x}{h} \\
&= \lim_{h\to 0}\frac{1}{h}\log\left(1+\frac{h}{x}\right) \\
&= \frac{1}{x}\lim_{h\to 0}\log\left(1+\frac{h}{x}\right)^{\frac{x}{h}}
\end{aligned} \tag{4.33}$$

この極限値の計算は次のように計算できます。

$$\lim_{h\to 0}\log\left(1+\frac{h}{x}\right)^{\frac{x}{h}} = \log e = 1 \tag{4.34}$$

以上から、$\frac{d}{dx}\log x = \frac{1}{x}$ となることを計算からも確認できます。

$\log x$ の微分

$$\frac{d}{dx}\log x = \frac{1}{x} \tag{4.35}$$

4.11.5 指数関数の微分

自然対数 e を底にする指数関数

$$f(x) = e^x \tag{4.36}$$

を微分します。

`In [32]:`

```python
from sympy import exp
diff_and_mk_graph(exp(x))
```

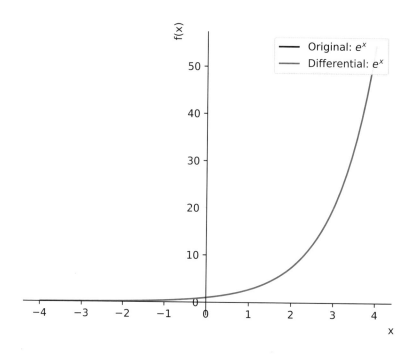

図 4.11: 指数関数とその微分

e^x の 1 次導関数は e^x になり、それぞれのプロットは重なることがわかります。この性質は次の計算から確認できます。

$$
\begin{aligned}
\frac{d}{dx}e^x &= \lim_{h \to 0} \frac{e^{x+h} - e^x}{h} \\
&= e^x \lim_{h \to 0} \frac{e^h - 1}{h} \\
&= e^x \lim_{h \to 0} \frac{(1+h)^{\frac{1}{h} \cdot h} - 1}{h} \\
&= e^x \lim_{h \to 0} 1
\end{aligned}
$$

そのため、$\frac{d}{dx}e^x = e^x$ となります。

---

e^x **の微分** ───────

指数関数 e^x の微分は

$$\frac{d}{dx}e^x = e^x \tag{4.37}$$

であり、微分をしても同じ関数となる

───────

e を底とする指数関数は、微分しても同じ関数になる重要な性質があります。覚えておきましょう。

シグモイド関数は指数関数 e^x を使用した次のような関数です。

$$f(x) = \frac{1}{1+e^{-x}} \tag{4.38}$$

シグモイド関数は、負から正の実数 x を 0 から 1 の実数に変換する関数のため、確率計算で使用されることがあり、機械学習の分類問題やニューラルネットワークの計算で登場します。

ここでは、シグモイド関数とその微分のグラフを作成しておきましょう。

In [33]:

```
diff_and_mk_graph(1 / (1+exp(-x)), [-10, 10])
```

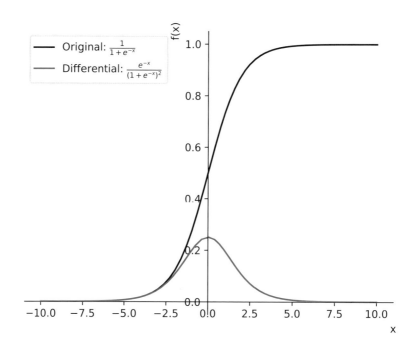

図 4.12: シグモイド関数と微分

　グラフから、シグモイド関数は単調に増加し 0 から 1 に変化することがわかります。この性質から、シグモイド関数は 0 から 1 の変化を連続的に表現したい場合に使用されます。

まとめ

- 変化量と変化率は微分を理解するための基本であり、本章では人口データのプロットから解説を試みました。

- 微分係数とは局所的な関数の傾きのことであり、微分するとは関数の傾きを示す導関数を求めることです。

- SymPy を使用すると、簡単に関数の微分ができます。微分結果のプロットを作成することで、関数の挙動を確認しましょう。

CHAPTER

05

TITLE

微分を使う

微分の考え方を学んだら、次は微分を使ってみましょう。微分を使うと、接線の方程式や関数の極大・極小の計算、関数の近似などができます。Python を使えば、難解な計算と面倒なグラフの作成は不要です。微分を使うことで微分の概念を確認し、理解を深めていきましょう。

5.1 ｜ 接線の方程式

　前章では微分係数は接点の傾きになることを解説しました。ここでは、接線について見ていきましょう。**接線**とは、関数 $f(x)$ 上の点 $(a, f(a))$ を通り、傾きが $f'(a)$ の直線です。接線の方程式は次の式で求められます。

> **接線の方程式**
>
> $y = f(x)$ の点 $x = a$ における**接線の方程式**は
>
> $$y = f'(a)(x - a) + f(a) \tag{5.1}$$
>
> 点 $(a, f(a))$ を**接点**と呼ぶ。

　接線の方程式を計算する `line_tangent` 関数を作成します。引数は関数 `f` と接点の x 座標 `a` です。

In [1]:

```python
from sympy import symbols, diff, init_printing
init_printing(use_latex='mathjax')

x = symbols('x')

# 関数 f(x) の x = a における接線の式を返す関数
def line_tangent(f, a):
    return diff(f, x).subs(x, a)*(x - a) + f.subs(x, a)
```

　例として、$f(x) = x^2$ の $x = 2$ における接線の方程式を求めます。

```
In [2]:
```

```
# x**2 の x = 2 を通る接線
line_tangent(x**2, 2)
```

```
Out[2]:
```

$$4x - 4$$

手計算で接線の方程式を計算しておきます。$f(x) = x^2$ の微分は $f'(x) = 2x$ であることから、式 (5.1) を使うと、$x = 2$ における接線は次のように計算できます。

$$
\begin{aligned}
y &= f'(2)(x - 2) + f(2) \\
&= 4(x - 2) + 4 \\
&= 4x - 4
\end{aligned}
$$

計算結果は line_tangent 関数の出力と同じであることを確認できます。

$f(x) = x^2$ の $x = 2$ における接線 $y = 4x - 4$ のプロットを作成します。

```
In [3]:
```

```
from sympy.plotting import plot
# x = 2 における接線のプロットを作成
a = 2
p = plot(x**2, line_tangent(x**2, a), (x, -4, 4),
         legend=True, show=False)
# プロットの色の設定
p[0].line_color = 'b'
p[1].line_color = 'r'
# 表示範囲の設定
p.ylim = (-20, 16)
# プロットの表示
p.show()
```

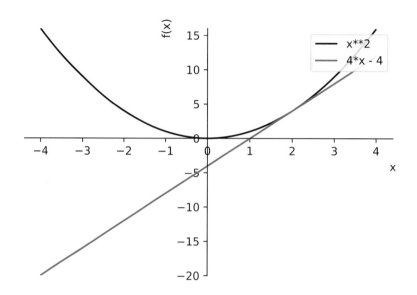

図 5.1: $f(x) = x^2$ と $x = 2$ の接線

プロットから $4x - 4$ は $x = 2$ で x^2 と接することがわかります。

Python を使うと、簡単に接線を描画することができます。関数 $f(x) = x^2$ の接線を複数描画すると、どうなるでしょうか。接点の x 座標を変化させたときのグラフを作成してみましょう。

In [4]:

```python
# NumPy を名前 np でインポート
import numpy as np

# x**2 のプロットのオブジェクトを作る
p = plot(x**2, (x, -4, 4), show=False)
p[0].line_color = 'b'

# p に複数の接線をプロット
# 接点 x 座標 x = a は-4 から 4 まで 0.1 ステップで変化させる
```

```
for a in np.arange(-4, 4.1, 0.1):
    _p = plot(line_tangent(x**2, a), (x, -4, 4), show=False)
    _p[0].line_color = 'c'
    p.append(_p[0])
# 表示範囲の設定
p.ylim = (-20, 16)
# プロットの表示
p.show()
```

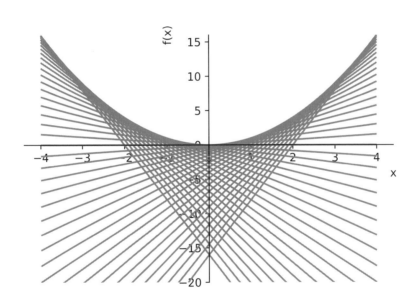

図 5.2: $y = x^2$ の接線の重ね合わせ

コード中の np.arange(-4, 4.1, 0.1) では、NumPy の arange 関数を使用して、-4 から 4 まで 0.1 ステップ幅で変化させた数列を生成しています。図 5.2 のように接線の集まりをプロットすると、この接線の集まりに接する曲線が見えてきます。この境界の線を包絡線と呼びます。ここでは x^2 が包絡線となります。図 5.2 は、手書きで作図するのは大変ですが、コンピュータを使うと簡単に描画することができます。

5.2 │ 関数の増減 – 極大と極小

関数の微分である導関数は、関数の傾きを示しています。関数の傾きを使用すると、関数が増加するか、減少するかの関数の増減がわかります。関数の増減がわかると、関数の凹凸がわかります。そこから、関数の極大点・極小点と、極大値・極小値を求めることができます。

5.2.1　3次関数の増減

微分を使用して3次関数の増減を調べます。ここで3次関数を選ぶ理由は、3次関数は関数の凹凸を持つ基本的な関数だからです。3次関数の例から、微分を使用した関数の増減を調べる方法を見ていきましょう。

3次関数

$$g(x) = 2x^3 - 3x^2 - 12x + 5 \tag{5.2}$$

を考えます。Python に3次関数 $g(x)$ を入力します。

In [5]:

```
# g(x) を入力
g = 2*x**3 - 3*x**2 - 12*x + 5
g
```

Out[5]:

$$2x^3 - 3x^2 - 12x + 5$$

Python のべき乗の演算子は**で、x^3 は x**3 のように記します。

$g(x)$ の微分 $g'(x)$ を計算します。

In [6]:

```
# g の微分 dg を計算
dg = diff(g, x)
dg
```

Out[6]:

$6x^2 - 6x - 12$

SymPy の diff 関数を使用して diff(g, x) から $g(x)$ を x で微分しています。

関数 $g(x) = 2x^3 - 3x^2 - 12x + 5$ と、導関数 $g'(x) = 6x^2 - 6x - 12$ のグラフを作成します。

In [7]:

```
# g と dg のプロットの作成
p = plot(g, dg, (x, -4, 4), legend=True, show=False)
# プロットの色の設定
p[0].line_color = 'b'
p[1].line_color = 'r'
# プロットの表示
p.show()
```

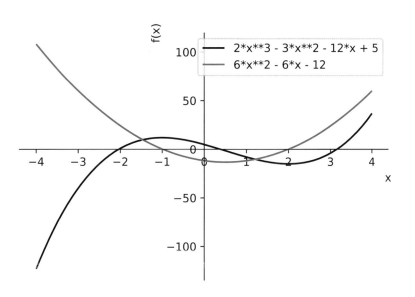

図 5.3: $g(x)$ と $g'(x)$ のグラフ

図 5.3 から、関数の傾き $g'(x) = 0$ となる $x \simeq -1$ では $g(x)$ は増加から減少に、$x \simeq 2$ では $g(x)$ は減少から増加に変化していることがわかります。

傾き $g'(x) = 0$ となる x を計算しましょう。

```
from sympy import solveset
# solveset を使用して方程式 dg = 0 を解く
extremum_pt = solveset(dg)
extremum_pt
```

Out[8]:

{-1,2}

solveset 関数を使用して、$g'(x) = 0$ となる x を計算すると、$x = -1, 2$ と求まります。この結果と導関数 $g'(x)$ から、$g(x)$ の増減表を作ります。

x	$\cdots$	-1	$\cdots$	2	$\cdots$
$g'(x)$	$+$	0	$-$	0	$+$
$g(x)$	↗	極大	↘	極小	↗

$g(x)$ は $x = -1$ で増加から減少に移っています。このとき $g(x)$ は $x = -1$ で**極大**であると呼びます。この $g(-1)$ を**極大値**と呼びます。また、$g(x)$ は $x = 2$ で減少から増加に移っています。このとき $g(x)$ は $x = 2$ で**極小**であると呼びます。$g(2)$ を**極小値**と呼びます。

極大・極小

点 a に近いすべての点 x に対して、$f(x)$ が次の条件

$$f(x) < f(a)$$

であるとき、$f(x)$ は $x = a$ で**極大**になるという。$f(a)$ を**極大値**と呼ぶ。
点 a に近いすべての点 x に対して、$f(x)$ が次の条件

$$f(x) > f(a)$$

であるとき、$f(x)$ は $x = a$ で**極小**になるという。$f(a)$ を**極小値**と呼ぶ。極大値と極小値はまとめて**極値**と呼ぶ。

5.2.2 3次関数の極大と極小

3次関数 $g(x)$ の増減を調べたので、極大値と極小値を計算します。極大値は $g(x)$ が極大となる極大点 $x = -1$ を代入した $g(-1)$ から求めることができます。極小値は $g(x)$ が極小となる極小点 $x = 2$ を代入した $g(2)$ から求めることができます。極大点と極小点の x の値は extremum_pt に格納されており、args メソッドでアクセスできます。

In [9]:

```
# 極大値
g.subs(x, extremum_pt.args[0])
```

Out[9]:

12

In [10]:

```
# 極小値
g.subs(x, extremum_pt.args[1])
```

Out[10]:

-15

g のオブジェクトの subs メソッドで x に、極大点、極小点の x 座標を代入することで、極大値 12 と極小値 −15 を求めることができます。

このように微分を使うと関数の増減を調べることができ、関数の極大値や極小値の計算ができます。特に、導関数がゼロ（$f'(x) = 0$）となる点で、関数が極大・極小となり得ることは重要です。

5.3 | 関数の近似

関数の近似とは、複雑な関数を平易な関数に置き換えることです。平易な関数に置き換えることで、関数の計算処理を少なくし、簡単に計算結果を得ることができます。関数を正確に計算する必要がなく、複雑な関数の値を簡易的に計算したい場合や、コンピュータ

の計算処理を軽減するときに利用できる手法です。

　ここからは、微分を使用した関数の近似を解説します。最も簡単な近似である1次近似を解説した後、テイラー展開を解説します。

5.3.1　1次近似

　関数を1次式で近似することを考えます。近似に使用する1次式には、接線の方程式を使うことができます。5.1節で見たように、$y = f(x)$ の点 $x = a$ における接線の方程式は次の式になります。

$$y = f'(a)(x - a) + f(a)$$

この直線は $x = a$ で $f(x)$ に接する線であることから、x が a に近い $x \simeq a$ の領域においては、$f(x)$ をよく再現しているとみなすことができます。

　接線の方程式を使用した1次近似の様子を、5.1節で作成した接線のグラフの接点付近を拡大することで確認します。

```
In [11]:

# 接点
a = 2
# 拡大幅 (片側)
d = 0.05
# x**2 と接線のプロット
p = plot(x**2, line_tangent(x**2, a), (x, a - d, a + d),
         legend=True, show=False)
# プロットの色の設定
p[0].line_color = 'b'
p[1].line_color = 'r'
# プロットの表示
p.show()
```

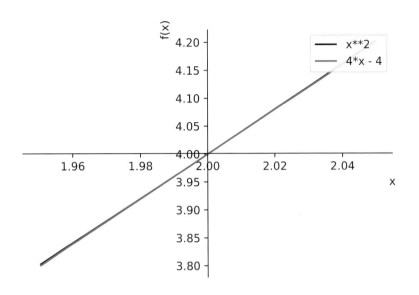

図 5.4: 接点付近における関数と接線の一致

　図 5.4 はグラフの原点を $x = 2$ とした、$x = 2$ 付近のプロットです。接点 $x = 2$ 付近では、接線は $f(x)$ と重なり、$f(x)$ とよく一致していることがわかります。x の 1 次の式で $y = f(x)$ の振る舞いを再現していることから、この接線を $x \simeq a$ における $y = f(x)$ の **1 次近似** と呼びます。

5.3.2　$(1 + x)^n$ の 1 次近似

　1 次近似を使用することで、複雑な関数の値を簡単な計算で見積もることができます。例として、次の関数の $x \simeq 0$ における 1 次近似を計算します。

$$(1 + x)^n \tag{5.3}$$

ここで n は自然数です。

`In [12]:`

```
n = symbols('n')
fn = (1 + x) ** n
```

```
# x = 0 の 1 次近似直線
fn.diff(x).subs(x, 0) * x + fn.subs(x, 0)
```

Out[12]:

$$nx + 1$$

$x \simeq 0$ において $(1+x)^n$ は

$$(1+x)^n \simeq nx + 1 \tag{5.4}$$

と 1 次近似できることがわかります。$f'(x) = n(1+x)^{n-1}$ であるため、机上計算からも 1 次近似は $y = f'(0)(x-0) + f(0) = nx + 1$ であることを確認できます。

　この近似式を利用して、式の値を見積もってみましょう。例として、1 年の利息が 0.02% の銀行に 100 万円を貯金したときの 30 年後の貯金残高を計算します。貯金残高は毎年 (1+0.02%) 倍ずつ増えていくので、30 年後の貯金残高は、

$$100 \text{万円} \times (1 + 0.02\%)^{30}$$

となります。この式を Python を使用して計算します。

In [13]:

```
100 * (1 + 0.02/100)**30
```

Out[13]:

100.601743252389

計算結果から 30 年後の貯金残高は

$$100 \text{万円} \times (1 + 0.02\%)^{30} = 100.6017 \text{万円}$$

であることがわかります。元金 100 万円に対して、30 年間で 6,017 円の利息が付いたことになります。

　1 次近似式 $(1+x)^n \simeq nx + 1$ を使用して、30 年間後の貯金残高を見積もります。1 次近似式に $x = 0.02\%$、$n = 30$ を代入します。

```
In [14]:
```

```
# x = 0.02%は 0.0002
100 * (n*x + 1).subs([(x, 0.0002), (n, 30)])
```

```
Out[14]:
```

100.6

近似式を使用した計算結果からも、30 年後の貯金残高は 100.6 万円で、30 年間で 6,000 円の利息が付いたことがわかります。近似式を使用すると、手計算でも簡単に 100*(0.02%*60 + 1) = 100.6 の計算ができます。

このように、近似式を使うと関数の値を簡単に計算できます。ただし、$x \simeq 0$ を前提としたように、近似式が成立する条件には注意してください。

5.3.3 $\sin x$ の 1 次近似

三角関数 $\sin x$ の関数の 1 次近似を見ます。関数 $f(x)$ を $x = a$ における 1 次近似を計算する lin_approx 関数を実装します。

```
In [15]:
```

```
# 1 次近似 関数 f(x) x = a で近似する
def lin_approx (f, a):
    return f.diff(x).subs(x, a) * (x-a) + f.subs(x, a)
```

lin_approx を使い、$\sin x$ の $x = 0$ における 1 次近似を計算してみましょう。

```
In [16]:
```

```
from sympy import sin

# sin(x) を x=0 で 1 次近似
lin_approx(sin(x), 0)
```

```
Out[16]:
```

x

$x \simeq 0$ において $\sin x \simeq x$ と 1 次近似できることがわかります。この結果からも、3 章で計算した極限値

$$\lim_{x \to 0} \frac{\sin x}{x} = 1$$

となることがわかます。

5.4 ｜ テイラー展開

1 次近似で使用する 1 次式は直線です。そのため 1 次近似では、曲線や凹凸などの曲線的な関数の形を表現できません。曲線的な関数を近似するためには、曲線を表現する 2 次以上の項を取り入れる必要があります。テイラー展開は 2 次以上の高次の項を含めた関数の近似式です。テイラー展開を使用して、近似式に高次の項を含めることで、関数の元の形に近い近似ができる様子を見ていきます。

5.4.1 テイラー展開とは

テイラー展開の式を記します。

テイラー展開

$$f(x) = \sum_{n=0}^{\infty} \frac{f^{(n)}(a)}{n!} (x - a)^n \tag{5.5}$$

を**テイラー展開**と呼ぶ。特に $a = 0$ のときを**マクローリン展開**と呼ぶ。

テイラー展開の式（式 (5.5)）は少々難解なため、x の項別で書き下したものを記します。

$$f(x) = f(a) + f'(a)(x - a) + \frac{f''(a)}{2!}(x - a)^2 + \frac{f^{(3)}(a)}{3!}(x - a)^3 + \cdots \tag{5.6}$$

$n!$ は階乗で、例えば $2! = 2 \cdot 1 = 2$、$3! = 3 \cdot 2 \cdot 1 = 6$ であり、$0! = 1$ です。本書ではテイラー展開の式は与えられているものとします。式の補足はコラム「テイラー展開の式」を参照してください。

5.4.2 テイラー展開の実装

ここからは、テイラー展開の使い方を見ています。はじめに、式 (5.5) を使用してテイラー展開をする `taylor_expand` 関数を実装します [1]。

---

[1] SymPy にはテイラー展開をする関数 expand が用意されていますが、ハンドメイドに実装することで、テイラー展開の式の内容を確認しましょう。

```
In [17]:

# factorial : 階乗
from sympy import factorial

# 関数 f(x) を x = a で n 次式までテイラー展開
def taylor_expand(f, a, n):
    _series = 0
    # for 文を使用して n 次項まで _series に加算
    for i in range(n + 1):
        _series = _series \
                + f.diff(x, i).subs(x, a)* (x - a)**(i) \
                / factorial(i)
    return _series
```

Σ の計算は for ループを使います。また、階乗 $n!$ の計算には、SymPy の factorial 関数を使います。factorial は以下のように使用します。

```
In [18]:

# 階乗 (factorial) は数値で計算可能
factorial(4)
```

```
Out[18]:

24
```

$4!$ は

$$4! = 4 \times 3 \times 2 \times 1 = 24 \tag{5.7}$$

と計算されます。また、文字式として n を与えると、$n!$ が結果になります。

```
In [19]:

# 文字式の設定が可能
factorial(n)
```

```
Out[19]:
```

$$n!$$

テイラー展開をする `taylor_expand` 関数の準備が完了したら、具体的な関数のテイラー展開を見ていきましょう。

5.4.3　指数関数 e^x のテイラー展開

指数関数 e^x は多くの場面で登場する重要な関数です。$x = 0$ におけるテイラー展開は以下の式となることが知られています。

$$e^x = 1 + x + \frac{x^2}{2!} + \frac{x^3}{3!} + \frac{x^4}{4!} + \cdots \tag{5.8}$$

e^x のテイラー展開の式は、1 次近似で含まれない 2 次以上の項が含まれています。この式は値の概算や計算処理の簡略化のために、多くの場面で利用されます。

5.4.2 節で実装した `taylor_expand` を使い、e^x をテイラー展開します。ここでは 4 次の項まで展開します。

```
In [20]:
```

```python
from sympy import exp
taylor_expand(exp(x), 0, 4)
```

```
Out[20]:
```

$$\frac{x^4}{24} + \frac{x^3}{6} + \frac{x^2}{2} + x + 1$$

`taylor_expand` で得られた式は、一見式 (5.8) と異なる形に見えますが、

$$2 = 2 \times 1 = 2!$$

$$6 = 3 \times 2 \times 1 = 3!$$

$$24 = 4 \times 3 \times 2 \times 1 = 4!$$

であるため、出力結果は式 (5.8) と同様の式であることがわかります。

　テイラー展開による関数の近似の様子をプロットで確認します。e^x のテイラー展開の次
数を 1 次、2 次、6 次と変化させて得られる関数と e^x のプロットを作成します。

In [21]:

```
# 指数関数 exp(x) とそのテイラー展開のプロット
p =plot(exp(x),
        taylor_expand(exp(x), 0, 1), # 1次
        taylor_expand(exp(x), 0, 2), # 2次
        taylor_expand(exp(x), 0, 6), # 6次
        (x, -2, 2), legend=True, show=False)

# プロットの色の設定
p[0].line_color = 'r'
p[1].line_color = 'g'
p[2].line_color = 'c'
p[3].line_color = 'b'
# プロットの表示
p.show()
```

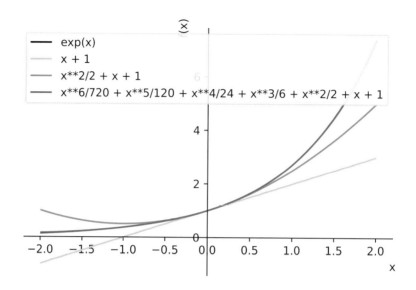

図 5.5: e^x のテイラー展開

図 5.5 は、テイラー展開の次数を 1 次、2 次、6 次と増やしたときの近似の様子です。多項式の次数を大きくすることで、e^x を再現していく様子がわかります。

5.4.4 三角関数のテイラー展開

三角関数 $\sin x$ と $\cos x$ のテイラー展開を見ます。指数関数 e^x と同様にテイラー展開を行い、関数のプロットから関数の近似を確認します。本節の後半では、テイラー展開を利用して、$\sin x$ と $\cos x$ と e^x の関係式 (オイラーの式) を見ていきます。

三角関数のテイラー展開の式は次のようになります。

$$\sin x = x - \frac{x^3}{3!} + \frac{x^5}{5!} - \cdots \tag{5.9}$$

$$\cos x = 1 - \frac{x^2}{2!} + \frac{x^4}{4!} - \frac{x^6}{6!} + \cdots \tag{5.10}$$

指数関数のテイラー展開と似ていますが、次の $\sin x$ と $\cos x$ のそれぞれ特徴がテイラー展開の式に反映されています。

1. $\sin x$ が奇関数であることを反映して、$\sin x$ の展開式には x、x^3 などの奇数次数の項

のみが含まれている

2. $\cos x$ が偶関数であることを反映して、$\cos x$ の展開式には $x^0 = 1$、x^2 などの偶数次数の項のみが含まれている

偶関数と奇関数については 2.4.2 節の「奇関数と偶関数」を参照してください。

$\sin x$ のテイラー展開

`taylor_expand` を使い $\sin x$ をテイラー展開します。

In [22]:

```
taylor_expand(sin(x), 0, 6)
```

Out[22]:

$$\frac{x^5}{120} - \frac{x^3}{6} + x$$

各項の分母は、

$$1 = 1!$$

$$6 = 3 \times 2 \times 1 = 3!$$

$$120 = 5 \times 4 \times 3 \times 2 \times 1 = 5!$$

であるため、式 (5.9) のように展開されていることを確認できます。

$\sin x$ とそのテイラー展開の次数を 1 次、3 次、5 次と変化させて得られる関数のプロットを作成し、テイラー展開による関数の近似の様子を確認します。

In [23]:

```
from sympy import pi
# 三角関数 sin(x) とそのテイラー展開のプロット
p = plot(sin(x),
         taylor_expand(sin(x), 0, 1),
         taylor_expand(sin(x), 0, 3),
         taylor_expand(sin(x), 0, 5),
         (x, -2*pi, 2*pi), legend=True, show=False)
```

```
# プロットの色の設定
p[0].line_color = 'r'
p[1].line_color = 'g'
p[2].line_color = 'c'
p[3].line_color = 'b'
p.ylim=(-1.5, 1.5)
# プロットの表示
p.show()
```

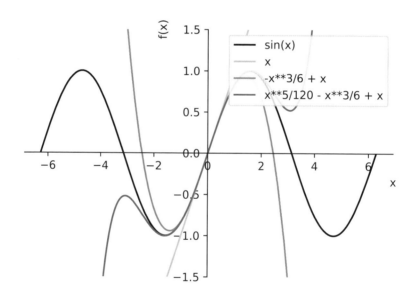

図 5.6: $\sin x$ のテイラー展開

　図 5.6 は、$\sin x$ のテイラー展開の次数を 1 次、3 次、5 次と増やしたときの近似の様子です。多項式の次数を大きくすることで、近似式が $\sin x$ に近づいていくことがわかります。

$\cos x$ のテイラー展開

　本書ではテイラー展開の学習のために `taylor_expand` を実装しましたが、$\cos x$ のテイラー展開では、SymPy のテイラー展開を計算する `series` を使用します。SymPy を使用

すると簡単にテイラー展開ができることを見ていきましょう。

In [24]:

```
from sympy import series, cos

series(cos(x), x, 0, 6)
```

Out[24]:

$$1 - \frac{x^2}{2} + \frac{x^4}{24} + O\left(x^6\right)$$

SymPy の series 関数は、series(展開する関数，変数，展開中心座標，次数) のように引数を入力します。series(cos(x), x, 0, 6) では、$\cos x$ を x について $x = 0$ を中心に 6 次まで展開するという意味です。出力の $O\left(x^6\right)$ の O はランダウの記号と呼ばれるものです。$O\left(x^6\right)$ は 6 次以上の関数を表しています。

オイラーの公式

テイラー展開を使用することで、次の**オイラーの公式**を確認することができます。

$$e^{ix} = \cos x + i \sin x \tag{5.11}$$

i は $i^2 = -1$ となる数で、**虚数**と呼びます。オイラーの公式は、指数関数と三角関数の関係性を示す重要な式です。

Python を使用して e^{ix} をテイラー展開します。SymPy では虚数 i は I です。

In [25]:

```
# 虚数 I をインポート
from sympy import I

# 虚数の二乗は-1
I**2
```

Out[25]:

-1

e^{ix} を series 関数を使用してテイラー展開します。

In [26]:

```
series(exp(I*x), x)
```

Out[26]:

$$1 + ix - \frac{x^2}{2} - \frac{ix^3}{6} + \frac{x^4}{24} + \frac{ix^5}{120} + O\left(x^6\right)$$

series 関数でテイラー展開した結果です。見通しを良くするために、虚数 i について式を整理します。

In [27]:

```
from sympy import collect

# collect で i について式を整理する
# removeO でランダウ記号 O(x) は表示させない
collect(series(exp(I*x), x).removeO(), I)
```

Out[27]:

$$\frac{x^4}{24} - \frac{x^2}{2} + i\left(\frac{x^5}{120} - \frac{x^3}{6} + x\right) + 1$$

collect 関数は、テイラー展開の結果 series(exp(I*x), x) を虚数 I について整理します。出力結果を x の次数が低い順に並び変えると次の式になります。

$$出力結果 = 1 - \frac{x^2}{2} + \frac{x^4}{24} + i\left(x - \frac{x^3}{6} + \frac{x^5}{120}\right)$$

ここでは簡単のために 6 次以上の関数 $O\left(x^6\right)$ を表示していません。この出力結果と $\sin x$ のテイラー展開（式 (5.9)）と $\cos x$ のテイラー展開（式 (5.10)）の比較から、オイラーの公式

$$e^{ix} = \cos x + i \sin x$$

が成立する様子を確認できます。このように、テイラー展開を使用することでオイラーの公式のような $\sin x$ と $\cos x$ と e^x の異なる関数の間の関係性を調べることができます。

まとめ

- 接線の傾きを計算する微分を使用すると、接線の方程式を求めたり関数の増減を調べたりすることができます。

- 関数の増減がわかると、関数の極大値・極小値を求めることができます。

- 1次近似やテイラー展開のように、微分を使うことで関数の近似を計算することができます。

関数 $f(x)$ が次の多項式で展開できると仮定します。

$$f(x) = a_0 + a_1(x-a) + a_2(x-a)^2 + \cdots + a_n(x-a)^n \qquad (5.12)$$

係数 a_n は次数 n の x の係数です。

この係数 a_n が満たすべき条件を見ます。a_0 は $f(a) = a_0$ から

$$a_0 = f(a) \qquad (5.13)$$

となります。次に a_1 は、$f(x)$ を x で微分した $f'(x)$ は

$$f'(x) = a_1 + 2a_2(x-a) + \cdots + na_n(x-a)^{n-1} \qquad (5.14)$$

であり、$f'(a) = a_1$ となるため、

$$a_1 = f'(a) \qquad (5.15)$$

となります。a_2 は $f(x)$ を x で 2 回微分 ($f'(x)$ を x で微分) した $f''(x)$ は

$$f''(x) = 2a_2 + \cdots + n(n-1)a_n(x-a)^{n-2} \qquad (5.16)$$

であり、$f''(a) = 2a_2$ となるため、

$$a_2 = \frac{1}{2}f''(a) \qquad (5.17)$$

となります。このように、$f(x)$ を k 回微分した $f^{(k)}(x)$ は

$$f^{(k)}(x) = k!a_k + \cdots + n(n-1)\cdots(n-k+1)a_n(x-a)^{n-k} \qquad (5.18)$$

であり、$f^{(k)}(a) = k!a_k$ となることから a_k は

$$a_k = \frac{f^{(k)}(a)}{k!} \qquad (5.19)$$

となります。式 (5.12) と式 (5.19) から、

$$f(x) = \sum_{k=0}^{n} \frac{f^{(k)}(a)}{k!}(x-a)^k \qquad (5.20)$$

となります。$n = \infty$ まで足し合わせることで式 (5.5) となります。ただし、テイラー展開できるためには、$f(x)$ に条件が必要です。この内容は本書の範囲を超えるため、巻末の参考図書を参照してください。

CHAPTER

06

TITLE

積分の基本

微分が細かく「分割」する演算であるのに対し、積分は細かく分割されたものを「積算」する演算です。積分には「和の計算」と「微分の逆演算」の2つの役割があります。ここでは、積分の「2つの役割」を解説し、積分のイメージを示した後、具体的な計算を解説します。

6.1 | 積分の2つの役割

積分の2つの役割とは、「和の計算」と「微分の逆演算」です。「和の計算」は、微小要素を足し合わせることです。和の計算の役割は、複雑な形状の面積や体積の計算に使えます。もう1つの役割である「微分の逆演算」は、ある関数の微分から元の関数を計算することです。微分の逆演算の役割は、微分方程式を計算するときに役立ちます。

表 6.1: 積分の2つの役割

役割	演算内容	例
和の計算	微小要素の足し合わせ	面積、体積
微分の逆演算	微分された関数から元の関数を求める	微分方程式の計算

積分の習得には、「和の計算」と「微分の逆演算」の2つの役割の理解が欠かせません。ここからは、2つの役割をそれぞれ解説します。

6.2 | 和の計算の役割

積分における和の計算の役割を、面積の計算を例に解説します。後ほど示すように、積分における和の計算とは、微小要素を足し合わせることです。三角形の面積の計算を例に考えてみましょう。

6.2.1 三角形の面積 – 公式を使った計算

三角形の面積は、小学校で学ぶ三角形の面積の公式を使用することで計算できます。三角形の面積の公式は

$$三角形の面積 = \frac{1}{2} \times 底辺 \times 高さ \tag{6.1}$$

です。

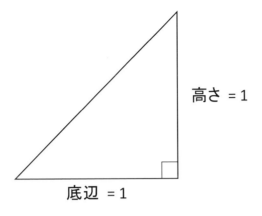

図 6.1: 三角形の面積

例えば 底辺 $= 1$、高さ $= 1$ の三角形の面積は、公式を使うと $\frac{1}{2} \times 1 \times 1 = 0.5$ と計算できます。

6.2.2　三角形の面積 - 長方形の集合の近似（**1**）

ここでは、微小要素の足し合わせを解説するために、三角形の面積を長方形の集合から計算します。前提として、長方形の面積は次の公式で計算できるとします。

$$長方形の面積 = 縦 \times 横 \tag{6.2}$$

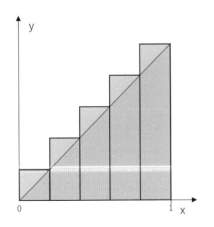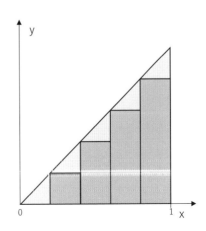

図 6.2: 三角形を長方形で近似して求める

図 6.2 は、短冊状の長方形の集合で、三角形の面積を近似したものです。図 6.2 左図は三角形より大きいサイズの長方形で近似しており、図 6.2 右図は三角形より小さいサイズの長方形で近似しています。図 6.2 左図の大きいサイズの長方形の集合の面積を上面積 S_{upper}、図 6.2 右図の小さいサイズの長方形の集合の面積を下面積 S_{lower} と呼ぶことにします。

　上面積 S_{upper} と下面積 S_{lower} を計算します。長方形の集合は、5 つの短冊状の長方形の集合 [1] であり、1 つの長方形の横の長さは $\frac{1}{5}$ になります。

$$S_{\text{upper}} = \frac{1}{5}\left(\frac{1}{5} + \frac{2}{5} + \frac{3}{5} + \frac{4}{5} + \frac{5}{5}\right) \tag{6.3}$$

$$S_{\text{lower}} = \frac{1}{5}\left(\frac{0}{5} + \frac{1}{5} + \frac{2}{5} + \frac{3}{5} + \frac{4}{5}\right) \tag{6.4}$$

Python を使い、S_{upper} と S_{lower} を計算します。

In [1]:

```python
# NumPy を名前 np でインポート
import numpy as np


# np.linspace を使用してサイズ 5 の配列を作成
# np.sum を使用して配列の和を計算
sum_upper = np.sum(np.linspace(0.2, 1, 5)) / 5
sum_lower = np.sum(np.linspace(0, 0.8, 5)) / 5


# sum_upper と sum_lower を確認
sum_upper, sum_lower
```

Out[1]:

(0.6, 0.4)

出力結果から、S_{upper} と S_{lower} は

$$S_{\text{upper}} = 0.6 \tag{6.5}$$

$$S_{\text{lower}} = 0.4 \tag{6.6}$$

[1] 図 6.2 右図では縦=0 の長方形を含めて 5 つの長方形とします

と計算されます。

　三角形の面積を S と記すと、図 6.2 のように、S_{upper} は S より大きく、S_{lower} は S より小さい

$$S_{\mathrm{lower}} < S < S_{\mathrm{upper}} \tag{6.7}$$

の大小関係があります。三角形の面積 S は公式を使うことで $S = 0.5$ と計算できます。$S = 0.5$ は

$$S_{\mathrm{lower}} = 0.4 \quad < \quad S = 0.5 \quad < \quad S_{\mathrm{upper}} = 0.6 \tag{6.8}$$

の大小関係を満たしています。

　三角形を 5 つの長方形の集合に近似して計算した面積である S_{upper} と S_{lower} は、三角形の面積 S と大きく異なります。次では、より正確に三角形の面積を計算することを考えます。ここでは、三角形を長方形の集合に近似して面積を計算するイメージを掴んでください。

6.2.3　三角形の面積 – 長方形の集合の近似（2）

　長方形で近似した面積である上面積 S_{upper} と下面積 S_{lower} を、三角形の面積 S に近づけるために、長方形で分割する数（分割数）を増やします。この分割数を N と記します。分割数 N を増やしたときの S_{upper} と S_{lower} を計算するために、関数 $f(x) = x$ を定義します。

In [2]:

```
# 関数 f(x) = x の作成
def f(x):
    return x
```

　N 分割時の、S_{upper} と S_{lower} は、関数 $f(x)$ と $\sum$ を使用することで、次のように書けます。

$$S_{\mathrm{upper}} = \sum_{k=1}^{N} f\left(\frac{k}{N}\right)\frac{1}{N} \tag{6.9}$$

$$S_{\mathrm{lower}} = \sum_{k=1}^{N} f\left(\frac{k-1}{N}\right)\frac{1}{N} \tag{6.10}$$

k は $k = 1, 2, \cdots, N$ であり、短冊状の長方形を x 座標が小さい方から数字を割り当てたときの番号に相当します。

式 (6.9) と式 (6.10) で記される分割数 N のときの S_{upper} と S_{lower} を計算する sum_N(N) 関数を実装します。

In [3]:

```
def sum_N(N):
    # k_N は 1 から N の配列
    k_N = np.arange(1, N + 1)
    # np.sum を使用して和を計算
    return [np.sum(f(k_N/N)/N), np.sum(f((k_N-1)/N)/N)]
```

np.sum(f(k_N)) は、配列 f(k_N) の和を計算します。sum_N(N) に N=100 を入力すると、

In [4]:

```
sum_N(100)
```

Out[4]:

[0.505, 0.495]

$$S_{\mathrm{upper}}(N = 100) = 0.505 \tag{6.11}$$

$$S_{\mathrm{lower}}(N = 100) = 0.495 \tag{6.12}$$

と求まります。$S_{\mathrm{upper}}(N = 100)$ と $S_{\mathrm{lower}}(N = 100)$ が、三角形の面積 $S = 0.5$ に近づいていることがわかります。

仮に、私たちが三角形の面積の公式（$\frac{1}{2} \times$ 底辺 $\times$ 高さ）を知らず、三角形の面積 S が未知の場合においても、$S_{\mathrm{lower}} < S < S_{\mathrm{upper}}$ の大小関係から、三角形の面積 S は

$$S_{\mathrm{lower}}(N = 100) = 0.495 \quad < \quad S \quad < \quad S_{\mathrm{upper}}(N = 100) = 0.505 \tag{6.13}$$

であることがわかります。分割数 N をより大きくしたときの S_{upper} と S_{lower} を見ます。

In [5]:

```
sum_N(10000)
```

Out[5]:

[0.5000500000000001, 0.49995]

分割数 N を大きくすることで、長方形で近似した面積は三角形の面積に近づくことがわかります。

6.2.4 定積分

6.2.3 節では、分割数 N を増やすと、長方形で近似した面積は三角形の面積に近づくことがわかりました。ここでは、分割数 N を無限に大きくしたときを考えましょう。極限 $\lim_{N \to \infty}$ を使うと、長方形の面積の和は次のようになります。

$$\lim_{N \to \infty} \sum_{k=0}^{N} \frac{1}{N} f\left(\frac{k}{N}\right) \tag{6.14}$$

この長方形の面積の和は三角形の面積 S と等しくなります。

$$S = \lim_{N \to \infty} \sum_{k=0}^{N} \frac{1}{N} f\left(\frac{k}{N}\right) \tag{6.15}$$

このような、面積の計算方法を**区分求積**と呼びます。

式 (6.15) で表 6.2 の置き換えをします。

表 6.2: 式の置き換え

元の数式	置き換えた数式	意味
$\frac{1}{N}$	dx	微小量
$\frac{k}{N}$	x	変数
$\lim_{N \to \infty} \sum_{k=0}^{N}$	$\int_0^1$	足し合わせる

この置き換えから下記式を得ることができます。

$$\lim_{N \to \infty} \sum_{k=0}^{N} \frac{1}{N} f\left(\frac{k}{N}\right) = \int_0^1 f(x)dx \tag{6.16}$$

式 (6.16) を**定積分**と呼びます。記号 $\int$ はインテグラルと呼び、$\sum$ 記号と同様の足し合わせを意味します。$\int_0^1$ は 0 から 1 までの和を計算することになります。$N \to \infty$ のとき $\frac{1}{N} \to 0$ となるため、$\frac{1}{N}$ から置き換えた dx には微小量の意味があります。$f(x)$ を**被積分関数**、x を**積分変数**と呼びます。

137

定積分は SymPy の integrate 関数を使用することで計算できます。

In [6]:

```
# 積分計算するために integrate をインポート
from sympy import integrate, symbols, init_printing

init_printing(use_latex='mathjax')

x = symbols('x')

# integrate を使用して定積分を計算
integrate(x, (x, 0, 1))
```

Out[6]:

$$\frac{1}{2}$$

integrate(被積分関数, (積分変数, 積分区間下限, 積分区間上限)) のようにして使います。計算結果は、三角形の面積と等しくなります。

　積分の役割の1つである「和の計算」について解説し、定積分を計算しました。三角形の面積の計算例のように、積分には細かく分割したものを足し合わせる意味があることがわかります。

6.3 │ 微分の逆演算としての役割

　積分のもう1つの役割である「微分の逆演算」を解説します。

6.3.1 微分の逆演算

　微分は関数 $f(x)$ から導関数 $f'(x)$ を求める演算です。その微分の「逆演算」とは、微分したら $f(x)$ となる $F(x)$ を求めることです。微分したら $f(x)$ となる $F(x)$ を**原始関数** [*2]
と呼びます。

---

*2 原始関数については後ほど解説します。

表 6.3: 積分の 2 つの役割

演算	内容
微分	$f(x)$ から導関数 $f'(x)$ を求める
積分	$f(x)$ から原始関数 $F(x)$ を求める

6.3.2 日本の人口データを使った解説

「微分の逆演算」の役割を具体的なデータを使い解説します。データには微分の章と同様に日本の人口データを使います。微分の章では、日本の人口データの「傾きの計算」から日本の人口の変化率を計算しましたが、本節では、日本の人口の変化率の「面積の計算」から日本の人口を計算します (図 6.3)。

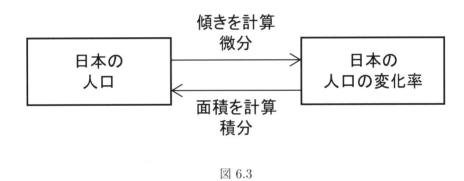

図 6.3

日本の人口の変化率のデータを使用して、日本の人口を計算します。日本の人口変化率のデータを読み込み、プロットを作成します

In [7]:

```python
import matplotlib.pyplot as plt
%matplotlib inline


# 人口変化のデータの取り込み
[year, diff_rate_jp_pop] = np.load('../data/diff_rate_jp_pop.npy')


# グラフの作成
```

```python
fig = plt.figure(figsize=(8, 8))
ax = fig.add_subplot(111)
ax.plot(year, diff_rate_jp_pop, marker='o')

# 人口変化 × 5年の長方形をグラフに描画
ax.bar(year-5, diff_rate_jp_pop,
        width=5, align='edge', alpha=0.3)

# 軸のラベルの設定
ax.set_xlabel('Year')
ax.set_ylabel('Differential population in million per year')

# グリッドの表示
ax.grid()

# グラフの表示
plt.show()
```

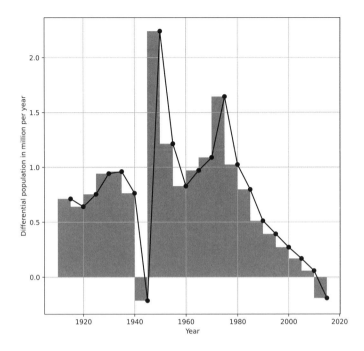

図 6.4: 日本の人口変化

日本の人口変化率（単位:人/年）は `diff_rate_jp_pop.npy` に格納されており、`np.load`
関数を使いデータを読み込みます。図 6.4 の日本の人口変化率のプロットは、年別の日本の
人口変化率の推移を示しています。図 6.4 に描画した棒グラフは、人口変化率（単位：百
万人/年）を縦、データ年間隔 5 年（単位：年）を横とした長方形とみなすことができます
（表 6.4）。

表 6.4: 長方形の縦横

縦	人口変化率（単位：百万人/年）
横	データ年間隔 5 年（単位：年）

各長方形の面積は、データ年間隔（5 年間）の人口の増減数を示しています。その計算
は次のようになります。

141

各長方形の面積 = 人口変化率(百万人/年)×データ年間隔(5 年) = **5 年間の人口変化（百万人）**

$$(6.17)$$

例えば、1980 年から 1985 年の 5 年間の人口の増減数は以下のように求めます。

In [8]:

```
# 1980 年から 1985 年の 5 年間での人口の増減数
diff_rate_jp_pop[15] * 5
```

Out[8]:

    2.562

この結果は 1980 年から 1985 年の 5 年間で人口が約 256 万人増えたことを示しています。

6.3.3　変化率からの逆算

図 6.4 の各長方形の面積が人口の増減数を示すことを使用して、各年の人口を計算します。最も年数が古い 1915 年の人口は次の式で計算できます。

1915 年の人口 = 1910 年の人口 + 1910 年から 1915 年までの 5 年間の人口変化　(6.18)

ここで「1910 年から 1915 年までの 5 年間の人口変化」を示す長方形の面積を Δ_1 [3]と書くと、1915 年の人口は次の式になります。

$$1915 \text{ 年の人口} = 1910 \text{ 年の人口} + \Delta_1 \tag{6.19}$$

Python を使用して、1915 年の人口を計算してみましょう。

In [9]:

```
# 1910 年の人口  49.184 百万人
pop_start = 49.184
# 1915 年の人口の計算
pop_start + diff_rate_jp_pop[0] * 5
```

Out[9]:

    52.752

*3 Δ は「デルタ」と読みます。

1915 年の人口は 52,752 百万人と計算できます。

データの年間隔は 5 年であるため、1915 年の次に計算できる日本の人口データは 1920 年のときのものです。

$$1920 \text{ 年の人口} = 1915 \text{ 年の人口}$$

$$+ \Delta_2(1915 \text{ 年から } 1920 \text{ 年までの } 5 \text{ 年間の人口変化}) \qquad (6.20)$$

$$= (1910 \text{ 年の人口} + \Delta_1) + \Delta_2$$

1920 年以降の各データの日本の人口は各長方形の面積を足し合わせることで計算できます。

In [10]:

```python
pop_start = 49.184 # 1910 年の人口  49.184 百万人
year_step = 5 # 人口データの年間隔 5 年


# 内包表記を使用して人口 pop を計算
pop = [pop_start +
       year_step * np.sum(diff_rate_jp_pop[:i+1])
       for i in range(len(diff_rate_jp_pop))]


# 1910 年のデータを追加
pop = np.append(pop_start, pop)
year = np.append(1910, year)


# グラフの作成
fig = plt.figure(figsize=(8, 8))
ax = fig.add_subplot(111)
ax.plot(year, pop, marker='o')


# グラフにタイトルをつける
ax.set_title('Population in Japan')


# 軸のラベルの設定
ax.set_xlabel('Year')
ax.set_ylabel('Population in million')
```

```
# グリッドの表示
ax.grid()


# グラフの表示
plt.show()
```

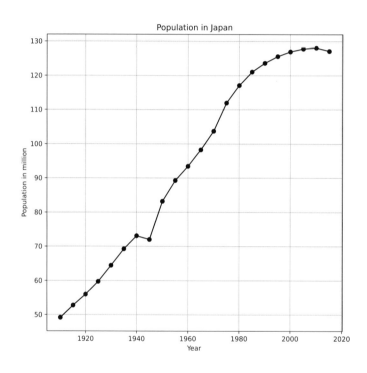

図 6.5: 日本の人口

　図 6.5 が日本の人口のプロットです。微分の章で示した、日本の人口と同じプロットで
あることを確認できます。コードでは np.sum 関数と for 文を使用し、i を変えながら人
口変化率の配列 diff_rate_jp_pop[:i+1] の和を計算することで、各年での日本の人口
pop を求めています。i の変化範囲は、連続データを生成する range 関数に len 関数で取
得した diff_rate_jp_pop の要素数を入力することで作成しています。
　微分の章では人口の傾きを計算して人口変化率を求めましたが、ここではその逆演算と

して、人口の変化率の面積を計算することで人口を計算しました。面積を計算する積分が、傾きを計算する微分の逆演算であることがわかります。

コラム：データと微分積分

　4章と本章では、データとコンピュータを活用して微分積分の基本的な考え方を解説しています。微分積分の基本的な考え方とは、微分は微小な領域の傾きの計算であり、積分は微小な成分の和の計算である、ということです。逆にこの基本的な考え方を理解すれば、後はデータとコンピュータを使用することで、ビックデータ解析や人工知能などさまざまな分野で、微分積分を活用することができます。コンピュータを使用できる現代では、紙とペンを使用して複雑な微分積分の計算をする必要性は低いかもしれません。

　ただし、数式を使用することで、微分積分の考え方を概念化することができます。概念化できた考えは、汎用的に活用することができます。データとコンピュータを活用するとともに、数式を使用して微分積分の考え方を理解していきましょう。

6.4 ｜ 不定積分

　積分の「微分の逆演算」の役割を、日本の人口データを例に見てきました。ここでは「微分の逆演算」の役割を数式で記します。

　微分の逆演算とは、x で微分したら関数 $f(x)$ となる関数を求める演算です。この逆演算を**不定積分**と呼びます。定積分は面積を計算し数値を求める演算でしたが、不定積分は関数を求める演算です。

不定積分

関数 $f(x)$ を導関数に持つ関数 $F(x)$ を、$f(x)$ から計算することを**不定積分**と呼び

$$\int f(x)dx = F(x) + C \tag{6.21}$$

と書き、$F(x)$ を**原始関数**、C を**積分定数**と呼ぶ。

145

積分定数は、定数 (Constant) の頭文字 C を使用して C と記すのが一般的です。この積分では、積分定数 C が定まらないため、不定積分と呼ばれます。関数 $f(x)$ とその原始関数 $F(x)$ は

$$F(x) \underset{\text{積分}}{\overset{\text{微分}}{\rightleftarrows}} f(x) \tag{6.22}$$

の関係にあります。

SymPy の `integrate` 関数を使用して不定積分を計算します。

In [11]:

```
# f(x) = x を x について積分する
integrate(x, x)
```

Out[11]:

$$\frac{x^2}{2}$$

計算結果 $\frac{x^2}{2}$ は $\left(\frac{x^2}{2}\right)' = x$ となることから、x の原始関数であることがわかります。なお `integrate` 関数の計算結果には積分定数 C は含まれません。

6.5 | さまざまな関数の積分

2 次関数、三角関数、対数関数、指数関数の基本的な関数の積分を SymPy を使用して計算します。

6.5.1 2 次関数の積分

2 次関数

$$f(x) = x^2 \tag{6.23}$$

を積分します。

In [12]:

```
# f(x) = x**2 を x について積分する
integrate(x**2, x)
```

Out[12]:

$$\frac{x^3}{3}$$

$\left(\frac{x^3}{3}\right)' = x^2$ となることから、$\frac{x^3}{3}$ が x^2 の原始関数であることがわかります。

6.5.2　n 次関数の積分

x の n 次式（n は整数）

$$f(x) = x^n \tag{6.24}$$

を積分します

In [13]:

```
n = symbols('n')
integrate(x**n, x)
```

Out[13]:

$$\begin{cases} \frac{x^{n+1}}{n+1} & \text{for } n \neq -1 \\ \log(x) & \text{otherwise} \end{cases}$$

$n = -1$ のとき、つまり $f(x) = \frac{1}{x}$ の積分は $\log x$ です。これは 4.11.4 節で見たように、対数関数の微分が $(\log x)' = \frac{1}{x}$ であることを示しています。

6.5.3　三角関数の積分

三角関数 $\sin x$、$\cos x$、$\tan x$ をそれぞれ積分します。はじめに、

$$f(x) = \sin x \tag{6.25}$$

を積分します。

In [14]:

```
from sympy import sin, cos
```

```
integrate(sin(x), x)
```

Out[14]:

$$-\cos(x)$$

$(\cos x)' = -\sin x$ であるため、$\sin x$ の積分は $-\cos x$ になります。

次に、

$$f(x) = \cos x \tag{6.26}$$

を積分します。

In [15]:

```
integrate(cos(x), x)
```

Out[15]:

$$\sin(x)$$

$(\sin x)' = \cos x$ であるため、$\cos x$ の積分は $\sin x$ になります。

最後に、

$$f(x) = \tan x \tag{6.27}$$

を積分します。

In [16]:

```
from sympy import tan
integrate(tan(x), x)
```

Out[16]:

$$-\log(\cos(x))$$

$\tan x$ の積分は $\sin x$ と $\cos x$ の積分に比べると複雑ですが、置換積分という計算テクニックを使うと手計算で求めることができます。$x = g(t)$ としたときの置換積分の公式は

$$\int f(x)dx = \int f(g(t))\frac{dg(t)}{dt}dt \tag{6.28}$$

です。この式では、$x = g(t)$ の置き換えとともに、$dx = \dfrac{dg(t)}{dt}dt$ としています。$\tan x$ の積分は、

$$\int \tan x dx = \int \frac{\sin x}{\cos x} dx = \int \frac{-(\cos x)'}{\cos x} dx \tag{6.29}$$

と変形できます。$y = \cos x$ に置くと、

$$\int \tan x dx = -\int \frac{1}{y}\frac{dy}{dx} dx = -\log|y| = -\log|\cos x| \tag{6.30}$$

と計算できます。

6.5.4 対数関数の積分

対数関数

$$f(x) = \log x \tag{6.31}$$

を積分します。

CHAPTER

01
02
03
04
05
06
07
08

```
In [17]:

from sympy import log
integrate(log(x), x)
```

```
Out[17]:
```

$$x\log(x) - x$$

部分積分を使うと、手計算でこの積分を計算することができます。部分積分の公式は

$$\int f'(x)g(x)dx = f(x)g(x) - \int f(x)g'(x)dx \tag{6.32}$$

です。2 つの関数 $f(x)$ と $g(x)$ と、これらの微分である $f'(x)$ と $g'(x)$ を使用した公式です。詳細はここでは述べませんが、この公式は式 (4.20) の積分から求めることができます。$f(x) = x$ と $g(x) = \log x$ とすると、$f'(x) = 1$、$g'(x) = \dfrac{1}{x}$ となり、

$$\int \log x dx = x\log x - \int x\frac{1}{x}dx = x\log x - x \tag{6.33}$$

となります。

6.5.5 指数関数の積分

指数関数

$$f(x) = e^x \tag{6.34}$$

を積分します。

```
In [18]:

from sympy import exp
integrate(exp(x), x)
```

Out[18]:

e^x

4.11.5 節で見たように、指数関数 e^x の微分は

$$(e^x)' = e^x \tag{6.35}$$

と元の関数と同じ形になります。そのため、e^x に微分の逆演算である積分をしても、結果は e^x になります。指数関数 e^x が微分しても積分しても同じ関数となることは重要な性質です。

6.6 | 面積の計算

6.2.4 節で解説したように、定積分を使用することで面積の計算ができます。また、定積分を使用すると、曲線で囲まれた領域の面積を計算することができます。ここでは、円の面積とガウス関数が囲む領域の面積を計算します。

6.6.1 積分領域の可視化

定積分を利用した面積計算の準備段階として、計算される面積の領域を可視化する関数を実装します。

定積分

$$\int_a^b f(x)dx \tag{6.36}$$

は、図 6.6 で示される関数 $f(x)$、$x = a$、$x = b$ と x 軸で囲まれる領域の面積を計算します。

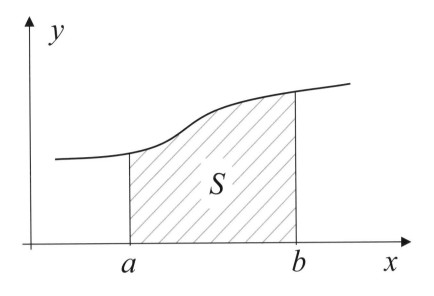

図 6.6: 積分領域の図

積分領域を可視化する `plot_integral` 関数は次のコードになります。

In [19]:

```python
# SymPy の関数を数値計算可能な関数に変換する lambdify をインポート
from sympy import lambdify


# 積分領域の可視化
def plot_integral(f, a, b):
    # 積分領域を表示するための数値データの作成
    f_val = lambdify(x, f)
    x_val = np.linspace(a, b, 100)
    y_val = np.array([f_val(val) for val in x_val])
    # 積分領域の塗りつぶす
    plt.fill_between(x_val, y_val, 0, alpha=0.3)
    # 積分下限の罫線をプロット
    plt.vlines(a, 0, f_val(a), 'b', linestyle=':')
    # 積分上限の罫線をプロット
```

```
        plt.vlines(b, 0, f_val(b), 'b', linestyle=':')
        plt.xticks(np.linspace(a,b,5))
        plt.plot(x_val, y_val, color='black')

        plt.xlabel('x')
        plt.ylabel('y')

        plt.show()
```

plot_integral(f, a, b) の引数 f に被積分関数 $f(x)$ を、a に積分領域の下限を、b に積分領域の上限をそれぞれ設定します。

plot_integral 関数を使用した領域の可視化の例として、次の積分を見ます。

$$\int_1^e \frac{1}{x}\,dx \tag{6.37}$$

In [20]:

```
  plot_integral(1/x, 1, np.e)
```

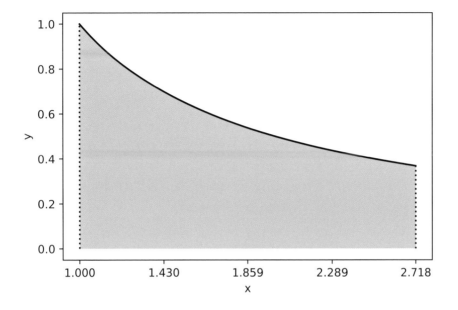

図 6.7: $1/x$ の $x=1$ から $x=e$ の区間での積分

図 6.7 からは、被積分関数 $f(x) = \frac{1}{x}$ の $x=1$ から $x=e$ の領域の表示を確認できます。この領域の面積を SymPy の `integrate` 関数を使用して計算します。

```
In [21]:

integrate(1/x, (x, 1, np.e))
```

```
Out[21]:

1.0
```

積分範囲の上限の自然対数 e は NumPy の `np.e` を使用します。6.5.2 節で計算した、$\int \frac{1}{x} dx = \log|x|$ の性質から積分で計算される面積は 1.0 になります。

　積分を使用して面積を計算するときは、計算する領域を可視化することが大切です。正しい積分領域が設定されていることを確認しましょう。

6.6.2 円の面積

半径 r の円の面積 $S(r)$ は、円周率 π を用いた次の公式から計算できます。

$$S(r) = \pi r^2 \tag{6.38}$$

式 (6.38) を使用すると、半径 1 の円の面積 $S(1)$ は $S(1) = \pi \times 1^2 = \pi$ と計算できます。

定積分を使用すると、式 (6.38) を知らなくても円の面積の計算ができます。定積分を使用して円の面積を計算してみましょう。

はじめに、定積分を使用するために、積分する関数である被積分関数を決めます。半径 r の円の円周上の点 (x, y) は次の方程式を満たします。

$$x^2 + y^2 = r^2 \tag{6.39}$$

被積分関数を求めるために、式 (6.39) を y について解くと次の式になります。

$$y = f(x) = \sqrt{r^2 - x^2} \tag{6.40}$$

式 (6.40) の関数 $f(x)$ を被積分関数とすると、$0 \leqq x \leqq r$ における $f(x)$ と x 軸と y 軸で囲われる領域は円の 1/4 の領域になります。このことを半径 $r = 1$ のときのプロットを作成して確認してみましょう。

In [22]:

```
from sympy import sqrt
plot_integral(sqrt(1 - x**2), 0, 1)
```

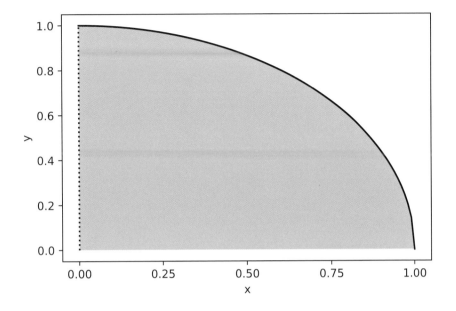

図 6.8: 円の面積の計算

　図 6.8 から、積分領域は 4 半円であることを確認できます。円の面積を求めるためには、関数 $f(x)$ が囲む領域の面積を 4 倍する必要があります。つまり、半径 $r = 1$ の円の面積は次の式で計算できます。

$$4 \int_0^1 \sqrt{1 - x^2} \, dx \tag{6.41}$$

　SymPy を使用して定積分（式 (6.41)）を計算します。

In [23]:

```
4 * integrate(sqrt(1 - x**2), (x, 0, 1))
```

Out[23]:

π

この結果は半径 $r = 1$ の円の面積 π と一致することを確認できます。

　次の定積分を計算して、円の面積の公式を計算しておきましょう。

$$4 \int_0^r \sqrt{r^2 - x^2} \, dx \tag{6.42}$$

```
In [24]:
```

```
# 半径の符号は正のため positive=True を設定
r = symbols('r', positive=True)

# 円の面積の計算
4 * integrate(sqrt(r**2 - x**2), (x, 0, r))
```

```
Out[24]:
```

$$\pi r^2$$

定積分を利用することで、円の面積の公式（式 (6.38)）を得ることができます。

6.6.3　ガウス関数の面積

　面積計算の応用例として、ガウス関数の面積の計算をします。ガウス関数は、次の形をした関数です。

$$f(x) = \frac{1}{\sqrt{2\pi}s} e^{-\frac{(-m+x)^2}{2s^2}} \tag{6.43}$$

π は円周率、m と s は定数で、変数は x です。統計解析の分野では、このガウス関数を確率密度関数に持つ確率分布を平均 m、標準偏差 s の正規分布と呼び、ガウス関数の面積を計算することで確率を計算します。ここでは、定積分を使用したガウス関数の面積の計算が目的であるため、統計解析の詳細は解説しません。ただし、ガウス関数は重要な関数であり、面積の計算は確率の計算と関連があることを覚えておきましょう。

ガウス関数のプロット

　ガウス関数の特徴を見るために、ガウス関数のプロットを作成します。ガウス関数 (式 (6.43)) を gaussian 関数として実装します。

```
In [25]:
```

```
from sympy import pi
# s と m の symbol を作成
s = symbols('s', real=True, positive=True)
m = symbols('m', real=True)
```

```
# ガウス関数の入力
gaussian = 1/sqrt(2*pi)/s * exp(-(x-m)**2/2/s**2)
gaussian
```

Out[25]:

$$\frac{\sqrt{2}e^{-\frac{(-m+x)^2}{2s^2}}}{2\sqrt{\pi}s}$$

出力結果は入力した式 (6.43) と異なる式が出力されたように見えますが、出力された式の分母と分子を $\sqrt{2}$ で割ることで、式 (6.43) と同じであることがわかります。

　関数が正しく入力されていることを確認したら、プロットの作成に進みます。

In [26]:

```
from sympy.plotting import plot

# m の値を変化させたときのガウス関数のプロット
p = plot(gaussian.subs([(s, 1), (m, 0)]),
         gaussian.subs([(s, 1), (m, -3)]),
         gaussian.subs([(s, 1), (m, 4)]),
         legend=True, show=False)

# プロットの色の設定
p[0].line_color = 'b'
p[1].line_color = 'r'
p[2].line_color = 'g'

# 凡例の設定
p[0].label = 'm = 0'
p[1].label = 'm = -3'
p[2].label = 'm = 4'

# グラフの表示
```

```
p.show()
```

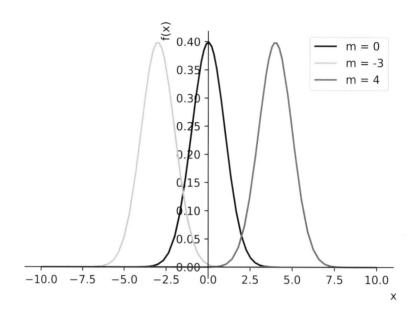

図 6.9: ガウス関数のプロット $(m = 0, -3, 4)$

s を $s = 1$ に固定して、m を $m = 0, -3, 4$ で変化させたときのプロットです。m は関数のピーク位置の x に対応しています。これはガウス分布において平均値 m が関数のピーク位置に対応していることを示しています。

次に s を変化させたプロットを作成します。

```
# s の値を変化させたときのガウス関数のプロット
p = plot(gaussian.subs([(s, 1), (m, 0)]),
         gaussian.subs([(s, 2), (m, 0)]),
         gaussian.subs([(s, 3), (m, 0)]),
         legend=True, show=False)


# プロットの色の設定
```

```
p[0].line_color = 'b'
p[1].line_color = 'r'
p[2].line_color = 'g'

# 凡例の設定
p[0].label = 's = 1'
p[1].label = 's = 2'
p[2].label = 's = 3'

# グラフの表示
p.show()
```

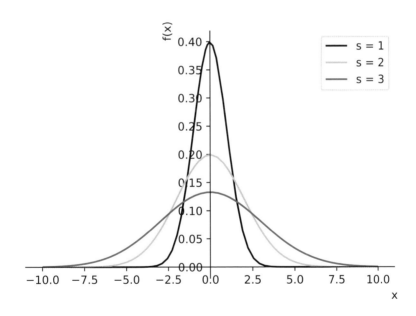

図 6.10: ガウス関数のプロット ($s = 1, 2, 3$)

m を $m = 0$ に固定して、s を $s = 1, 2, 3$ で変化させたときのプロットです。s を大きくすることで、上に凸のグラフの幅が広がる様子がわかります。これはガウス分布において標準偏差 s が、グラフの幅の広がりを示すことに対応しています。

159

ガウス関数には、確率密度関数の性質として変数 x について $-\infty$ から ∞ の範囲で積分すると 1 となる性質があります。

$$\int_{-\infty}^{\infty} \frac{1}{\sqrt{2\pi s}} e^{-\frac{(-m+x)^2}{2s^2}} dx = 1 \tag{6.44}$$

この積分はガウス積分と呼ばれます。ガウス積分の原始関数は簡単に求めることはできませんが、SymPy を使用すれば、積分結果を確認できます。積分領域を可視化してみます。

In [28]:

```
plot_integral(gaussian.subs([(s, 1), (m, 0)]), -10, 10)
```

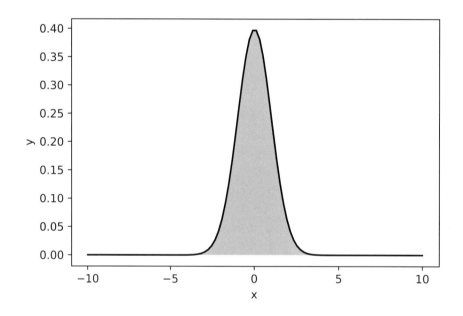

図 6.11: ガウス関数の積分

実際の積分範囲は $-\infty < x < \infty$ ですが、グラフは $-10 < x < 10$ で作成しています。

SymPy の `integrate` 関数を使用してガウス積分を計算します。

In [29]:

```python
from sympy import oo
integrate(gaussian, (x, -oo, oo))
```

Out[29]:

1

このように、コンピュータを使うと原始関数が簡単には求められない場合でも積分計算を
することができます。

6.7 | モンテカルロ法

モンテカルロ法とは、**乱数**を利用した数値計算の手法です。積分の計算において、原始
関数を解析的に求めることが困難な場合でも、モンテカルロ法を使用することで、積分を
計算することができます。

ここでは、円の面積の計算を例にモンテカルロ法を見ていきます。

6.7.1 乱数の生成

乱数とはランダムな数のことです。例えば、1 から 6 の目が等確率で出るサイコロを繰
り返し振ったときの出目は、1 から 6 の目がランダムに出現します。サイコロの出目を並
べて作る数字は乱数になります。コンピュータで乱数を生成する場合は、生成される数が
なるべくランダムになるようにします。このような乱数を**疑似乱数**と呼びます。

疑似乱数を NumPy を使用して作成してみましょう。

In [30]:

```python
from numpy.random import default_rng

# 乱数生成器をインスタンス
rng = default_rng(2)
rng.uniform(0, 1)
```

Out[30]:

0.261612134249316

NumPy の乱数生成器 default_rng をインスタンス化した後、rng.uniform を使用して乱数を生成します。ここで生成する乱数は、0以上1未満の範囲において均等に分布（一様分布）する乱数です。乱数を配列で生成する場合は、rng.uniform(a, b, N) のように、配列のサイズ N を指定します。

In [31]:

```
# N = 5 の配列
rng = default_rng(2)
rng.uniform(0, 1, 5)
```

Out[31]:

array([0.26161213, 0.29849114, 0.81422574, 0.09191594, 0.60010053])

6.7.2　円の面積の計算方法

モンテカルロ法を使用した、円の面積の計算方法を解説します。

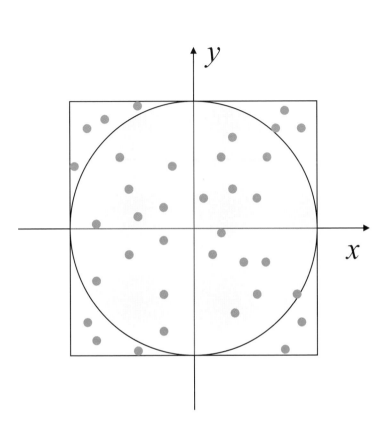

図 6.12: モンテカルロ法を使った円の面積の計算

　図 6.12 は、円と円を内接する正方形を示しています。正方形の内側にランダムに打たれた点は、正方形の内側に一様に分布します。打たれた点の一部は、円の内側に分布します。この円の内側に分布した点を利用することで、円の面積を計算することができます。

　正方形の内側にランダムに打たれた点の数を N_{total} と記し、円の内側にある点の数を N_{circle} と記します。また、ランダムに点が打たれる領域の総面積である正方形の面積を S_{total} と記し、正方形に内接する円の面積を S_{circle} と記します。

文字	意味
N_{total}	正方形の内側に打たれた点の総数
N_{circle}	円の内側に打たれた点の数
S_{total}	正方形の面積
S_{circle}	円の面積

ランダムに打たれた点の数 N_{total}、N_{circle} と面積 S_{total}、S_{circle} の関係を記します。円の内側に打たれた点の数 N_{circle} の、点の総数 N_{total} に対する割合は次の式になります。

$$\frac{N_{\text{circle}}}{N_{\text{total}}} \tag{6.45}$$

円の面積 S_{circle} の正方形の面積 S_{total} に対する割合は次の式になります。

$$\frac{S_{\text{circle}}}{S_{\text{total}}} \tag{6.46}$$

ランダムに打たれた点が正方形の内側に一様に分布する場合、式 (6.45) と式 (6.46) は近い値になります。

$$\frac{N_{\text{circle}}}{N_{\text{total}}} \simeq \frac{S_{\text{circle}}}{S_{\text{total}}} \tag{6.47}$$

式 (6.47) を円の面積 S_{circle} について解くと以下の式を得ます。

$$S_{\text{circle}} \simeq \frac{N_{\text{circle}}}{N_{\text{total}}} S_{\text{total}} \tag{6.48}$$

式 (6.48) は、正方形の面積 S_{total} と $\frac{N_{\text{circle}}}{N_{\text{total}}}$ を計算することで、円の面積 S_{circle} を計算できることを示しています。

ここからは次の 2 つのステップで、モンテカルロ法を使用して円の面積を計算します。

1. 正方形の内側の領域への乱数のプロット

2. 円の領域に含まれる乱数の数をカウント

6.7.3 乱数のプロット

正方形の内側の領域に乱数をプロットします。はじめに、NumPy を使用してプロットする乱数を生成します。

In [32]:

```python
# -1 から 1 の範囲で乱数 (x, y) を生成
N = 1000
rng = default_rng(2)
x = rng.uniform(-1, 1, N)
y = rng.uniform(-1, 1, N)

# プロットエリアの作成
fig = plt.figure(figsize=(8, 8))

# scatter を使用した散布図の作成
plt.scatter(x, y, color='c')

# プロット範囲の設定
plt.ylim(-1, 1)
plt.xlim(-1, 1)

# 軸ラベルの設定
plt.xlabel('x')
plt.ylabel('y')

# プロットの表示
plt.show()
```

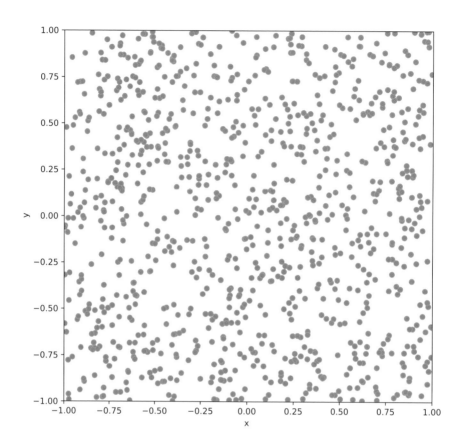

図 6.13: 正方形の内側の領域への乱数のプロット

N = 1000 と x = rng.uniform(-1, 1, N) から、配列サイズ 1,000 の乱数配列を作ります。図 6.13 は、$N_{\text{total}} = 1000$ のときの x と y を、xy 平面のプロットになります。ランダムに点が散らばっていることがわかります。

6.7.4 円の面積

正方形の内側の領域にランダムに打たれた点の中で、円の内側の領域にある点と、円の外側の領域にある点を区別します。

In [33]:

```
# 原点からの距離
r = np.sqrt(x**2 + y**2)
```

```
# 円の内側の点の座標の抽出
x_in = x[r <= 1]
y_in = y[r <= 1]
```

```
# 円の外側の点の座標の抽出
x_out = x[r > 1]
y_out = y[r > 1]
```

r = np.sqrt(x**2 + y**2) で原点からの距離を計算します。ここでは r <= 1 を円の内側の領域に定めます。x_in = x[r <= 1] では配列 x の要素から r <= 1 の条件を満たす、円の内側の領域の点の x 座標を抽出しています。一方で r > 1 を円の外側の領域と定めると、x_out = x[r > 1] は円の外側の領域にある点の x 座標になります。

円の内側の領域にある点の x 座標データの x_in と、外側の領域にある点の x 座標データの x_out の配列サイズを確認します。

In [34]:

```
# 点の数を確認
print(f'Data length, x_in:{len(x_in)}, x_out:{len(x_out)}')
```

Out[34]:

```
Data length, x_in:771, x_out:229
```

x_in と x_out の配列サイズの総和は 1,000 となり、生成した乱数の配列サイズと一致することを確認できます。

円の内側の領域にある点と円の外側の領域にある点を区別をしたら、x_in、y_in と x_out、y_out のプロットを作成しましょう。

```python
# 円の描画ためのデータ
theta = np.arange(0, 360, 1)
x_circle = np.cos(np.radians(theta))
y_circle = np.sin(np.radians(theta))


# プロットの作成
fig = plt.figure(figsize=(8, 8))
# 円の内側
plt.scatter(x_in, y_in, color='c')
# 円の外側
plt.scatter(x_out, y_out, color='gray')
# 円の描画
plt.plot(x_circle, y_circle, color='k')


# プロット範囲の設定
plt.ylim(-1, 1)
plt.xlim(-1, 1)


# 軸ラベルの設定
plt.xlabel('x')
plt.ylabel('y')


# プロットの表示
plt.show()
```

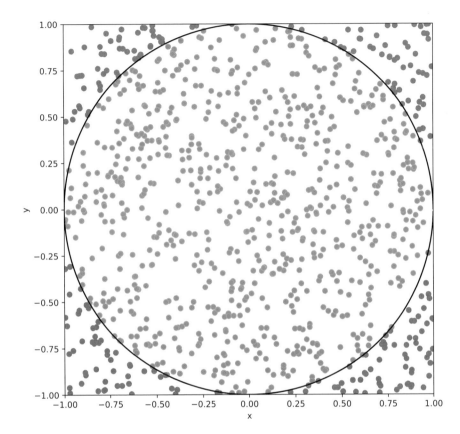

図 6.14: 円の内側と外側でプロットの色を分けた乱数のプロット

図 6.14 には、円の内側の領域にある点と、円の外側の領域にある点を異なる色でプロットし、円の境界線となる半径 1 の円をプロットしています。円の内側の領域にある点と、円の外側の領域にある点が正しく区別されていることを確認できます。

式 (6.48) の関係を使用して、円の面積を見積もります。

`In [36]:`

```
# 円の内側の領域にある点の数: np.sum(r <= 1)
# 正方形内部にある点の数: N
```

```
# 正方形の面積: 4
np.sum(r <= 1) / N * 4
```

Out[36]:

3.084

結果から円の面積は 3.084 に求まります。半径 $r = 1$ の円の面積 $\pi \simeq 3.14$ に近い値であることを確認できます。

ランダムな点の数 N を増やすことで、より高い計算精度で円の面積を計算することができます。N を $N = 1,000$ から $N = 10,000$ に増やした場合を見ていきます。

In [37]:

```
# 0から1の範囲で(x, y)を生成
N = 10000
rng = default_rng(2)
x = rng.uniform(-1, 1, N)
y = rng.uniform(-1, 1, N)

# 原点からの距離を計算
r = np.sqrt(x**2 + y**2)

# 円の内側
x_in = x[r <= 1]
y_in = y[r <= 1]

# 円の外側
x_out = x[r > 1]
y_out = y[r > 1]

# プロットの作成
fig = plt.figure(figsize=(8, 8))
# 円の内側
```

```python
plt.scatter(x_in, y_in, color='c')
# 円の外側
plt.scatter(x_out, y_out, color='gray')
# 円の描画
plt.plot(x_circle, y_circle, color='k')

# プロット範囲の設定
plt.ylim(-1, 1)
plt.xlim(-1, 1)

# 軸ラベルの設定
plt.xlabel('x')
plt.ylabel('y')

# プロットの表示
plt.show()
```

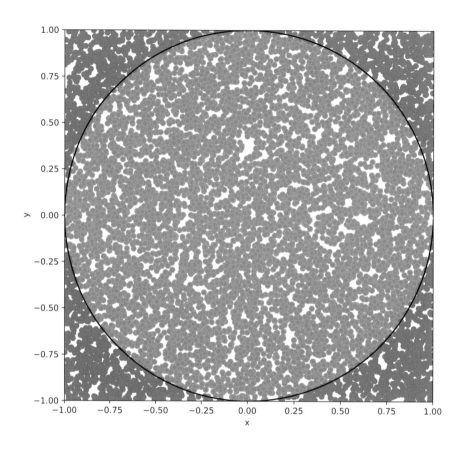

図 6.15: $N = 10,000$ のときの乱数のプロット

$N = 10,000$ のときの円の面積は次のコードで計算できます。

```
In [38]:

np.sum(r <= 1) / N * 4


Out[38]:

3.126
```

結果から円の面積は 3.126 に求まります。$N = 1,000$ から $N = 10,000$ の 10 倍に点の数

を増やすことで、円の面積 $\pi \simeq 3.14$ により近い値となることがわかります。

　円の面積の計算を例に、モンテカルロ法を見てきました。具体的には、乱数を発生させて、円の内側にある乱数を数え上げることで、円の面積を計算しました。モンテカルロ法では、生成された乱数が計算結果に影響を与えます。乱数が十分にランダムでないと、ランダムに打たれる点に偏りが発生し、計算精度は低下します（コラム「乱数の生成」参照）。モンテカルロ法の計算結果は、使用する乱数に依存することを覚えておきましょう。

コラム：乱数の生成

　NumPy を使用して疑似乱数を生成するとき、デフォルトの設定では PCG64（Permuted congruential generator）と呼ばれる疑似乱数生成器が使用されています。PCG64 は、Python 標準ライブラリの **random** モジュールで使用されているメルセンヌ・ツイスタ（Mersenne twister）に比べて、質の高い乱数を高速に生成することができます。乱数生成方法の詳細は本書の範囲を越えるため、ここではこれらの乱数を使用したモンテカルロ法の計算例を紹介します。

　PCG64 とメルセンヌ・ツイスタのそれぞれの疑似乱数生成器で、0 から 1 の間の数の乱数を作ります。

In [1]:

```python
import numpy as np
from numpy.random import Generator, MT19937, PCG64

# PCG64 疑似乱数生成器 (NumPy のデフォルト)
rng_pcg = Generator(PCG64(2))
val_pcg = rng_pcg.random(1000000)

# メルセンヌ・ツイスタ疑似乱数生成器
rng_mt = Generator(MT19937(2))
val_mt = rng_mt.random(1000000)
```

ヒストグラムを作成して、生成された乱数を比較してみましょう。

```python
import matplotlib.pyplot as plt
%matplotlib inline

# プロットエリアの作成
fig = plt.figure(figsize=(8, 4))
ax = fig.add_subplot(111)

# ヒストグラムの作成
count, bins, ignored = ax.hist([val_pcg, val_mt],
                       density=True, label=['PCG64', 'MT'])
# y = 1 のラインを描画
plt.plot(bins, np.ones_like(bins), linewidth=2, color='r')

# プロットの範囲の設定
ax.set_ylim(0.98, 1.02)
# 凡例の表示
ax.legend()

# プロットの表示
plt.show()
```

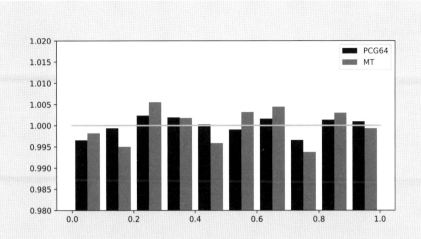

図 6.16: 乱数の密度 (PCG64 とメルセンヌ・ツイスタ)

このヒストグラムでは値が 1 に近いほど、乱数が均一に生成されることを示しています。PDG64 の方が 1 に近く、均一に乱数が生成されていることがわかります。

　PCG64 とメルセンヌ・ツイスタのそれぞれの疑似乱数生成器を使用して、円の面積をモンテカルロ法で計算してみましょう。PCG64 を使用した場合を計算します。

```
In [3]:

# PCG64 を使用
rng_pcg = Generator(PCG64(2))

# 乱数の生成
n_pcg = 1000000
x_pcg = rng_pcg.uniform(-1, 1, n_pcg)
y_pcg = rng_pcg.uniform(-1, 1, n_pcg)

# 円の内側にある点の数をカウントして、円の面積を計算
r_pcg = np.sqrt(x_pcg**2 + y_pcg**2)
s_pcg = np.sum(r_pcg<=1) / n_pcg * 4

# 円の面積からの誤差を%単位で計算
error_pcg = (s_pcg / np.pi - 1) * 100

s_pcg, error_pcg
```

```
Out[3]:

(3.1416, 0.00023384349967514595)
```

メルセンヌ・ツイスタを使用した場合を計算します。

In [4]:

```
# メルセンヌ・ツイスタを使用
rng_mt = Generator(MT19937(2))

# 乱数の生成
n_mt = 1000000
x_mt = rng_mt.uniform(-1, 1, n_mt)
y_mt = rng_mt.uniform(-1, 1, n_mt)

# 円の内側にある点の数をカウントして、円の面積を計算
r_mt = np.sqrt(x_mt**2 + y_mt**2)
s_mt = np.sum(r_mt<=1) / n_mt * 4

# 円の面積からの誤差を%単位で計算
error_mt = (s_mt / np.pi - 1) * 100

s_mt, error_mt
```

Out[4]:

(3.14326, 0.053073284606197646)

PCG64 とメルセンヌ・ツイスタで計算した円の面積は次のようになります。

疑似乱数生成器	面積	期待値πからの誤差
PCG64	3.1416	0.0002%
メルセンヌ・ツイスタ	3.14326	0.053%

PCG64 の計算誤差はメルセンヌ・ツイスタを使用した場合に比べて小さく、PCG64 を使用した円の面積の方が高い精度で計算できていることがわかります。このように、モンテカルロ法の計算精度は使用する疑似乱数に依存することがわかります。

まとめ

- 積分には「和の計算」と「微分の逆演算」の2つの役割があります。

- 「和の計算」の役割としての定積分から、面積を計算することができます。

- 「微分の逆演算」の役割としての不定積分から、原始関数を計算することができます。

- 積分を使うとさまざまな形状の面積を求めることができます。

- モンテカルロ法は積分計算が困難な場合でも、乱数を使用することで数値計算をする
  手法のことです。

CHAPTER

07

TITLE

多変数関数の微分

ことわざ「風が吹けば桶屋が儲かる」は、世の中一見関わり合いのない現象の間に、実は関係があることのたとえです。このたとえによれば、世の中の多くの現象はさまざまな要因が絡み合って発生していると言えます。

　「さまざまな要因」=「多変数」とみなすと、世の中の多くの現象は多変数を入力した多変数関数の出力と考えることができます。近年のビックデータ解析や人工知能は、多変数のデータを解析し、人々に新しい価値を創造するものです。

　機械学習、人工知能のベースである多変数のデータ解析の基礎となるのが、多変数関数の微分です。例えば、機械学習の最適化問題では、多変数関数の微分を使用した計算が行われます。本章では、4章で学習した1変数の場合の微分を発展させて、多変数関数の微分について学習します。章の後半では、機械学習と人工知能の入門として、基本的な最適化手法である最小二乗法を解説します。

7.1 ｜ 2変数関数

　多変数関数の学習で重要なことは、1変数関数とは異なり複数の変数を持つ関数のイメージを掴むことです。このイメージは最も変数の数が少ない多変数関数である2変数関数を学習することで培うことができます。

7.1.1　2変数関数とは

　多変数関数とは変数を2個以上持つ関数のことです。2つの変数 x、y を持つ関数 $f(x, y)$ を **2変数関数** と呼びます。例えば、縦 l、横 m の長方形の面積 $S(l, m) = lm$ は、l と m の変数を2つ持つ2変数関数です。1変数関数では l と m のどちらかしか変数として持つことができませんが、変数を増やした2変数関数では l と m をそれぞれ変数として持つことができます。

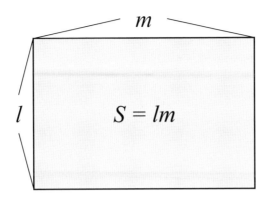

図 7.1: 長方形の図

以下に多変数関数の例を挙げておきます。

- 底面円の半径 r、高さ h の円錐の体積 $V(r, h) = \dfrac{1}{3}\pi r^2 h$

- 上底 a、下底 b、高さ c の台形の面積 $T(a, b, c) = \dfrac{1}{2}(a + b)c$

7.1.2 2 変数関数への値の代入

最も基本的な操作である、2 変数関数の 2 つの変数への代入を見ていきます。例として、次の 2 変数関数 $f(x, y)$ を考えます。

$$f(x, y) = x^2 - y^2 \tag{7.1}$$

変数 x と y はそれぞれ自由な値をとることができます。例えば $(x, y) = (1, 2)$ のとき

$$f(1, 2) = 1^2 - 2^2 = -3$$

と計算できます。

SymPy を使用して、2 変数関数の変数に値を代入します。はじめに、x と y を変数に持つ $z = f(x, y) = x^2 - y^2$ の関数を入力します。

```
In [1]:
```

```python
from sympy import init_printing, symbols
init_printing(use_latex='mathjax')

# 変数と関数の定義
x, y = symbols('x y', real=True)
z = x**2 - y**2
z
```

```
Out[1]:
```

$$x^2 - y^2$$

subs メソッドを使用して、$(x, y) = (1, -2)$ を代入します。

```
In [2]:
```

```python
# x = 1, y = -2 の代入
z.subs([(x, 1), (y, -2)])
```

```
Out[2]:
```

```
-3
```

手計算で求めた結果の -3 と同じであることを確認できます。

2 変数関数は 1 変数関数に比べて変数の数が 1 つ増えるため、関数のとり得る値の自由度が高くなります。ただし、原則は関数が返す値は変数の値から決まるということです。変数の数が増えたとしても、この基本を見落とさないようにしましょう。

7.1.3　2変数関数のプロット

2 変数関数 $f(x, y)$ の理解には、1 変数関数の場合と同様にグラフを使用した関数の可視化が有効です。2 変数関数 $z = f(x, y)$ のグラフは、x, y, z の 3 次元プロットになります。

SymPy には 3 次元プロットを作成する plot3d 関数があります。plot3d 関数を使用して、3 次元プロットを作成してみましょう。

`In [3]:`

```
from sympy.plotting import plot3d

# 3次元プロット
plot3d(z, (x, -5, 5), (y, -5, 5), xlabel='x', ylabel='y')
```

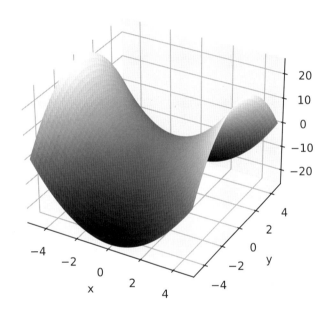

図 7.2: $x^2 - y^2$ の 3 次元プロット

図 7.2 は、$z = x^2 - y^2$ のプロットです [*1]。プロットの範囲は $-5 \leqq x \leqq 5$、$-5 \leqq y \leqq 5$ です。

SymPy を使用すると、簡単に 3 次元プロットを作成することができます。次では、この 3 次元プロットの読み取り方を見ていきます。

[*1] 3 次元プロットの理解には、グラフをさまざまな方向から見ることが有効です。サポートページでグラフの表示方向が調整可能なサンプルコードを提供します。3 次元プロットをさまざまな方向から確認してください。

7.1.4 2変数関数の理解

2変数関数の理解をさらに深めるために、別の視点からプロットを作成します。具体的には、2変数関数の1つの変数に着目したプロットを作成します。

ここでのプロットの作成には、NumPy と Matplotlib を使用します。はじめに、SymPy を使用して作成した図 7.2 と同じ3次元プロットを作成します。プロットするデータは NumPy を使用して作成します。

In [4]:

```python
import numpy as np


# 1次元配列をつくった後、2次元配列をつくる
x_val = np.arange(-2, 2, 0.1)
y_val = np.arange(-2, 2, 0.1)
x_val, y_val = np.meshgrid(x_val, y_val)


# z = x**2 - y**2
z_val = x_val**2 - y_val**2
```

x_val、y_val、z_val は2次元の配列データです。この配列データを使用して、3次元プロットを作成します。

In [5]:

```python
import matplotlib.pyplot as plt
from mpl_toolkits.mplot3d import Axes3D


fig = plt.figure(figsize=(8, 8))


# 3次元プロット z = x**2 - y**2 のプロット
ax = fig.add_subplot(1, 1, 1, title='x**2 - y**2',
                     projection='3d')
ax.plot_surface(x_val, y_val, z_val)
```

```
# グラフの x,y,z のラベル
ax.set_xlabel('x')
ax.set_ylabel('y')
ax.set_zlabel('z')

# プロット範囲
ax.set_xlim(-4, 4)
ax.set_ylim(-4, 4)
ax.set_zlim(-4, 4)

plt.show()
```

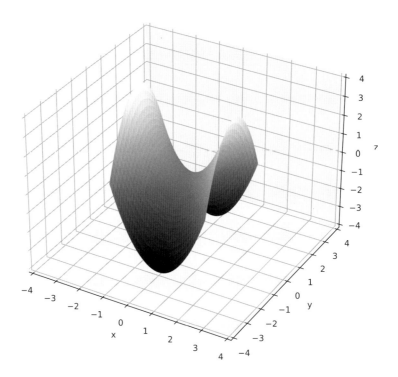

x**2 - y**2

図 7.3: Matplotlib での $x^2 - y^2$ のプロット

　図 7.3 は Matplotlib を使用して作成した、$x^2 - y^2$ の 3 次元プロットです。SymPy を使用して作成した 3 次元プロットと同じ形状であることを確認できます。

　ここからは、2 つの変数 x と y のうち、1 つの変数に着目したプロットを作成します。着目していない変数は定数とみなします。例えば、$f(x, y) = x^2 - y^2$ の変数 x に着目した場合、着目していない変数 y は $y = a$（定数）とみなします。このとき、$f(x, y)$ は次の式になります。

$$f(x, a) = x^2 - a^2$$

これは x についての 2 次関数です。x についての 2 次関数 $f(x, a)$ を、$y = a$ の値を変化

させながら3次元プロットしてみましょう。

`In [6]:`

```python
# 2変数関数を 1 変数関数としてプロットする
fig = plt.figure(figsize=(8, 8))

# y = a 定数とみなしたときの z = x**2 - a**2 のプロット
ax = fig.add_subplot(1, 1, 1, title='x**2 - a**2',
                     projection='3d')
for i in range(len(x_val)):
    ax.plot(x_val[i], y_val[i], z_val[i], color='c')

# グラフの x,y,z のラベル
ax.set_xlabel('x')
ax.set_ylabel('y')
ax.set_zlabel('z')

# プロット範囲
ax.set_xlim(-4, 4)
ax.set_ylim(-4, 4)
ax.set_zlim(-4, 4)

plt.show()
```

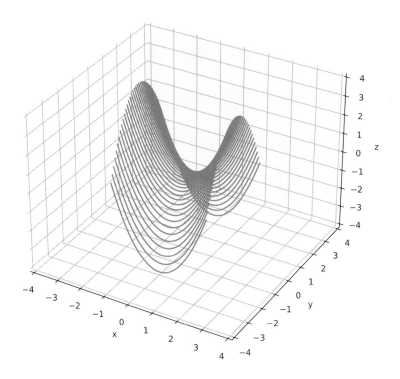

図 7.4: 変数 x の 1 変数関数とみなしたときのプロット

次に、$f(x,y) = x^2 - y^2$ の変数 y に着目してみましょう。着目していない変数 x を $x = a$（定数）とみなすと、$f(x,y)$ は次の式になります。

$$f(a,y) = a^2 - y^2$$

これは y についての 2 次関数です。この y についての 2 次関数 $f(a,y)$ を $x = a$ の値を変えながら 3 次元プロットしてみます。

In [7]:

```python
# 2変数関数を1変数関数としてプロットする
fig = plt.figure(figsize=(8, 8))


# x = a 定数とみなしたときの z = -y**2 + a**2 のプロット
ax = fig.add_subplot(1, 1, 1,  title='-y**2 + a**2',
                     projection='3d')
for i in range(len(x_val[:,])):
    ax.plot(x_val[:,i], y_val[:,i], z_val[:,i], color='c')


# グラフのx,y,zのラベル
ax.set_xlabel('x')
ax.set_ylabel('y')
ax.set_zlabel('z')


# プロット範囲
ax.set_xlim(-4, 4)
ax.set_ylim(-4, 4)
ax.set_zlim(-4, 4)


plt.show()
```

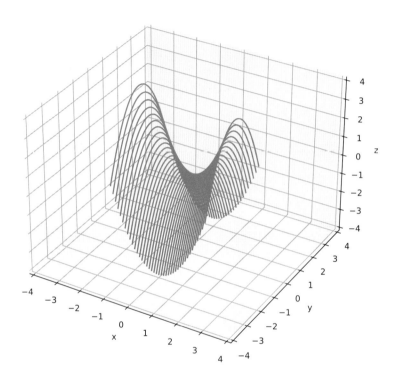

-y**2 + a**2

図 7.5: 変数 y の 1 変数関数とみなしたときのプロット

2 変数関数 $f(x, y)$ の変数 x、y のうち、1 つの変数に着目して、着目していないもう一方の変数を定数とみなすと、次のことがわかります。

- $y = a$（定数）とすると、x について下に凸の 2 次関数 $f(x, a) = x^2 - a^2$

- $x = a$（定数）とすると、y について上に凸の 2 次関数 $f(a, y) = a^2 - y^2$

1 つの変数に着目し、それ以外の変数を定数とみなすことで、多変数関数の振る舞いを理解しやすくなることがあります。3 次元プロットによって関数の特徴を見るとともに、着目する変数を決めて、その変数に対する関数の挙動を確認しましょう。

7.2 │ 偏微分

4 章で学習した微分は、変数が 1 つの 1 変数関数についての微分です。ここでは、変数が 2 つある 2 変数関数の微分を見ていきます。

7.2.1 偏微分とは

7.1.4 節で見てきたように、2 変数関数 $z = x^2 - y^2$ において $y = a$（定数）とみなし、変数 x に着目したときの曲線の式は次のようになります。

$$f(x, a) = x^2 - a^2 \tag{7.2}$$

式 (7.2) は $y = a$（定数）の変数 x の 1 変数関数とみなすことができるため、1 変数関数と同様の微分計算ができます。

式 (7.2) において $y = a$（定数）の場合について、$f(x, a)$ の x の微分を考えてみましょう。図 7.4 のプロットは $y = a$（定数）の a を変化させならが描いた複数の曲線のプロットであり、$y = a$（定数）のイメージは、そのうちの 1 つの曲線になります。このとき、曲線上の点 $(x, a, f(x, a))$ における接線の傾きは次の式になります。

$$\lim_{h \to 0} \frac{f(x + h, a) - f(x, a)}{h} \tag{7.3}$$

$y = a$（定数）のときの x と $x + h$ の局所的な傾きを計算しています。この極限値が存在するとき、式 (7.3) を点 (x, a) における、関数 $f(x, y)$ の x に関する**偏微分係数**と呼びます。1 変数関数では微分係数と呼びましたが、多変数の中から 1 変数に着目した微分であることから**偏微分**（**Partial Derivative**）と呼ばれます。

さらに、1 変数関数のときと同様に、$f(x, y)$ の偏微分から得られる**偏導関数**を定義することができます。x についての偏微分から得られる偏導関数は $\frac{\partial f(x,y)}{\partial x}$、$f_x(x, y)$ などで記されます（∂ はラウンドやラウンドディーと読みます）。y 軸方向に関しても同様に考えることができ、$x = b$ のときの曲線上の点 $(b, y, f(b, y))$ における偏微分係数を求めることができます。y についての偏微分から得られる偏導関数は $\frac{\partial f(x,y)}{\partial y}$、$f_y(x, y)$ などで記されます。

偏導関数

関数 $f(x, y)$ に対して、

$$\frac{\partial f}{\partial x}(x, y)、\qquad \frac{\partial f}{\partial y}(x, y)$$

をそれぞれ、$f(x, y)$ の x に関する偏導関数、y に関する偏導関数と呼ぶ。

7.2.2 偏微分の計算

偏微分は SymPy の `diff` 関数を使用して計算できます。$z = x^2 - y^2$ の x の偏微分を計算します。

In [8]:

```python
from sympy import diff
# z = x**2 - y**2
# z を x で偏微分
diff(z, x)
```

Out[8]:

$2x$

関数 z を x で偏微分するときは `diff(z, x)` のように指定します。$\frac{\partial z}{\partial x} = 2x$ と計算されます。

次に、z を y で偏微分します。

In [9]:

```python
# z = x**2 - y**2
# z を y で偏微分
diff(z, y)
```

Out[9]:

$-2y$

関数 z を y で偏微分するときは `diff(z, y)` のように指定します。$\frac{\partial z}{\partial y} = -2y$ と計算されます。

7.2.3 偏微分の可視化

ここまで見てきたように、偏微分では着目した1つの変数以外は定数とみなし、着目した変数について微分をします。微分するということは、1変数の場合と同じように関数の傾きを計算することです。このことを、Pythonを使用して可視化します。

偏微分を可視化をする例として、次の2変数関数を考えます。

$$z_1 = -x^2 - y^2$$

SymPy の diff 関数を使い、z_1 の偏微分を計算します。

In [10]:

```python
# Z1 の定義
z1 = -x**2 - y**2

# x 方向の偏微分
diff(z1, x)
```

Out[10]:

$-2x$

In [11]:

```python
# y 方向の偏微分
diff(z1, y)
```

Out[11]:

$-2y$

$\frac{\partial z_1}{\partial x} = -2x$、$\frac{\partial z_1}{\partial y} = -2y$ と計算できます。

$\frac{\partial z_1}{\partial x}$ は、$y =$ (定数) のように y の値を固定したときの z_1 の x 方向の傾きです。$y = -0.5$ のとき、これがどのようになるのかを可視化してみましょう。

```python
# - x**2 - y**2 の偏微分の可視化


# z1 = - x**2 - y**2
z1_val = -x_val**2 - y_val**2


# プロットエリアの作成
fig = plt.figure(figsize=(8, 8))
ax = fig.add_subplot(1, 1, 1, title='-x**2 - y**2',
                     projection='3d')


# z1 = -x**2 - y**2 のプロット
ax.plot_wireframe(x_val, y_val, z1_val, alpha=0.2)


# プロットデータの作成 (y= y_const (定数) の場合)
num_point = 7
x_min = -1.5
x_max = 1.5
y_const = -0.5


x_pos = np.linspace(x_min, x_max, num_point)
y_pos = np.full(num_point, y_const)
z_pos = -x_pos**2 - y_pos**2
dx = np.ones(num_point)
dy = np.zeros(num_point)
dz = -2*x_pos


# 矢印のプロット
# quiver(x, y, z, vx, vy, vz)
# 座標 (x, y, z) に矢印 (vx, vy, vz) をプロット
ax.quiver(x_pos, y_pos, z_pos, dx, dy, dz, normalize=True,
          length=0.5)
```

```
# グラフの x,y,z のラベル
ax.set_xlabel('x')
ax.set_ylabel('y')
ax.set_zlabel('z')

# プロット範囲
ax.set_xlim(-4, 4)
ax.set_ylim(-4, 4)
ax.set_zlim(-7, 1)

plt.show()
```

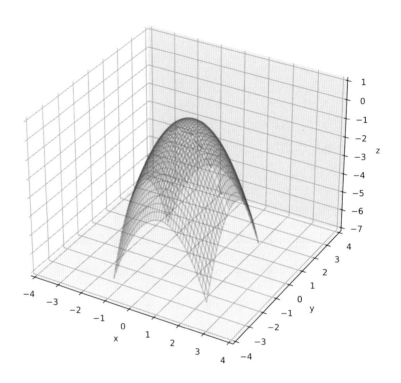

-x**2 - y**2

図 7.6: 偏微分の可視化。x 軸方向の変化

図 7.6 は $y = -0.5$ に固定したときの x 方向の傾きを矢印で並べて示したものです。

y についての偏微分である $\frac{\partial z_1}{\partial y}$ は、$x = $（定数）のように x の値を固定したときの z_1 の y 方向の傾きです。$x = 0.5$ のとき、これがどのようになるのか可視化してみましょう。

```
In [13]:

# プロットエリアの作成
fig = plt.figure(figsize=(8, 8))
ax = fig.add_subplot(1, 1, 1, title='-x**2 - y**2',
```

```
                    projection='3d')

# z1 = -x**2 - y**2 のプロット
ax.plot_wireframe(x_val, y_val, z1_val, alpha=0.2)

# プロットデータの作成 (x = x_const (定数) の場合)
num_point = 7
x_const = 0.5
y_min = -1.5
y_max = 1.5

x_pos = np.full(num_point, x_const)
y_pos = np.linspace(y_min, y_max, num_point)
z_pos = -x_pos**2 - y_pos**2
dx = np.zeros(num_point)
dy = np.ones(num_point)
dz = -2*y_pos

# 矢印のプロット
# quiver(x, y, z, vx, vy, vz)
# 座標 (x, y, z) に矢印 (vx, vy, vz) をプロット
ax.quiver(x_pos, y_pos, z_pos, dx, dy, dz, normalize=True,
          length=0.5)

# グラフの x,y,z のラベル
ax.set_xlabel('x')
ax.set_ylabel('y')
ax.set_zlabel('z')

# プロット範囲
ax.set_xlim(-4, 4)
ax.set_ylim(-4, 4)
```

```
ax.set_zlim(-7, 1)

# グラフの表示角度
ax.view_init(azim=-20)


plt.show()
```

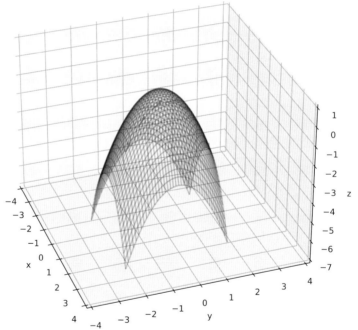

図 7.7: 偏微分の可視化。y 軸方向の変化

図 7.7 は $x = 0.5$ に固定したときの y 方向の傾きを矢印で並べて示したものです。

着目する変数以外を定数に固定して作成した矢印のプロットから、偏微分は曲線の接線の傾きとなることがわかります。変数が増えたとしても、偏微分を使うことで着目した変数の微分を計算することができます。

7.3 | 全微分

ここでは多変関数の微分として全微分を解説します。

7.3.1 全微分とは

7.2 節で学習した偏微分は 1 つの変数に着目し、それ以外の変数を定数としたときの微分です。**全微分**は関数 $f(x, y)$ の x, y の微小変化に対する f の変化量のことです。

全微分

$$df = \frac{\partial f}{\partial x}dx + \frac{\partial f}{\partial y}dy \tag{7.4}$$

を、関数 $f(x, y)$ の全微分と呼ぶ。

式 (7.4) の右辺 dx と dy は x と y の微小変化量であり、左辺 df は x, y の微小変化に対する f 変化量です。

7.3.2 全微分の計算

全微分の計算例として、

$$z_2 = -x^2 + xy - y^2 \tag{7.5}$$

を計算します。ここでは解説のために、xy の項を含む関数を例にしています。関数 $f(x, y)$ の全微分を求めるために、x と y についての偏微分である $\frac{\partial}{\partial x}f(x, y)$ と $\frac{\partial}{\partial y}f(x, y)$ を計算します。

```
In [14]:
```

```
z2 = -x**2 + x*y - y**2

# x 方向の偏微分
diff(z2, x)
```

```
Out[14]:
```

$$-2x + y$$

```
In [15]:
```

```
# y方向の偏微分
diff(z2, y)
```

```
Out[15]:
```

$$x - 2y$$

$\frac{\partial z_2}{\partial x} = -2x + y$、$\frac{\partial z_2}{\partial y} = x - 2y$ から、$z_2 = -x^2 + xy + y^2$ の全微分 dz_2 は

$$dz_2 = (-2x + y)\, dx + (x - 2y)\, dy \tag{7.6}$$

です。次ではこの全微分の意味について解説します。

7.3.3　全微分の可視化

1 変数関数の微分は、接線の傾きを計算することです。2 変数関数の全微分は、ある点における**接平面**を計算することです。プロットを作成して接平面について見ていきます。

はじめに z_2 の 3 次元プロットを作成し、関数の概形を確認します。

```
In [16]:
```

```
plot3d(z2, (x, -5, 5), (y, -5, 5), xlabel='x', ylabel='y')
```

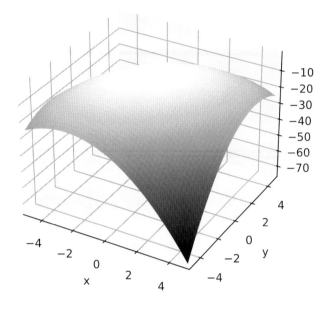

図 7.8: $z_2 = -x^2 + xy + y^2$ の 3 次元プロット

ここで、接平面の方程式は次の式で与えられることが知られています。

$$z = \frac{\partial f(a,b)}{\partial x}(x - a) + \frac{\partial f(a,b)}{\partial y}(y - b) + f(a,b) \tag{7.7}$$

この式を、式 (7.4) において dx を $x - a$、dy を $y - b$、df を式 (7.7) の $f(a,b)$ を左辺に移項した $z - f(a,b)$ に置き換えたものとみなすと、全微分の式は接平面の方程式を表現していると見ることができます。ここでは式 (7.7) を Python に実装して様子を見ます。$(x,y) = (a,b)$ の接平面を計算する関数 plane_tangent を実装します。

In [17]:

```
def plane_tangent(z, a, b):
    pdz_x = z.diff(x).subs(((x, a), (y, b)))
    pdz_y = z.diff(y).subs(((x, a), (y, b)))
    return pdz_x*(x - a) + pdz_y*(y - b) + z.subs(((x, a), (y, b)))
```

$(x,y) = (1,-2)$ における接平面をプロットします。プロットでは $z_2 = -x^2 + xy + y^2$ を同時に示します。

```
plot3d(z2, plane_tangent(z2, 1, -2), (x, -5, 5), (y, -5, 5),
       xlabel='x', ylabel='y')
```

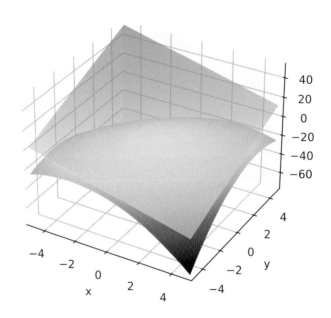

図 7.9: $z_2 = -x^2 + xy + y^2$ と接平面の 3 次元プロット

$(x, y) = (1, -2)$ の点で接する平面のプロットとなります。接平面となることを接点 (x, y) を変化させて確認してみてください。

多変数関数の微分について、2 変数関数を例にとり、1 つの変数に着目した偏微分と、2 つのすべての変数の変化に着目した全微分について解説しました。次節以降では偏微分の応用を解説します。

7.4 | 2変数関数の極大・極小

1 変数の関数の極大や極小は、関数の微分を使用して調べることができました。ここでは、偏微分を使用した、多変数関数の極値の計算について解説します。

7.4.1　極大・極小と鞍点

　1 変数関数の極大・極小は、1 次導関数が 0 となる点とその前後の符号を調べることで求めることができます。このことは、2 個以上の変数を持つ多変数関数においても同様であり、極大・極小となる点では、偏微分が 0 となることが必要です。つまり、微分可能な 2 変数関数 $f(x, y)$ は

$$\frac{\partial f}{\partial x}(a, b) = 0 \tag{7.8}$$

$$\frac{\partial f}{\partial y}(a, b) = 0 \tag{7.9}$$

となる点 (a, b) で極大値・極小値を持つことができます。このような 1 階微分が 0 となる点を**停留点**と呼びます。

　注意が必要な点は、1 階微分が 0 となる停留点で、関数が極大・極小とならない場合があることです。例えば $f(x, y) = x^2 - y^2$ は $\frac{\partial f}{\partial x} = 2x$、$\frac{\partial f}{\partial y} = -2y$ であるため $(x, y) = (0, 0)$ で $\frac{\partial f}{\partial x} = \frac{\partial f}{\partial y} = 0$ となりますが、極大・極大のどちらの値にもなりません。極大にも極小にもならない停留点のことを**鞍点**と呼びます。次では極大・極小の判定方法について詳しく見ていきます。

7.4.2　極値の判定

　多変数関数の極大・極小の計算では、偏微分が 0 となる停留点で必ずしも極大・極小とならず、鞍点となる場合があります。そのため、停留点が極大・極小・鞍点であるかを判別をする必要があります。この判別には次の判別式を使用します。

$$D(a, b) = f_{xy}(a, b)^2 - f_{xx}(a, b)f_{yy}(a, b) \tag{7.10}$$

この式 (7.10) の判別式 D には、次の $f(x, y)$ の 2 階偏微分係数で構成されています。

$$f_{xx} = \frac{\partial}{\partial x}f_x = \frac{\partial^2}{\partial x^2}f(x, y)$$

$$f_{yy} = \frac{\partial}{\partial y}f_y = \frac{\partial^2}{\partial y^2}f(x, y)$$

$$f_{xy} = \frac{\partial}{\partial x}f_y = \frac{\partial^2}{\partial x \partial y}f(x, y)$$

　判別式 D と停留点 (a, b) での $f_{xx}(a, b)$ の符号を使うことで、次のように極大、極小、鞍点を判別することができます（判別式の補足はコラムを参照してください）。

- $D < 0$ かつ $f_{xx}(a, b) > 0$ のとき $f(x, y)$ は点 (a, b) で極小

- $D < 0$ かつ $f_{xx}(a,b) < 0$ のとき $f(x,y)$ は点 (a,b) で極大

- $D > 0$ のとき極大・極小とはならない

7.4.3 極大・極小の計算

極大・極小の計算例を示します。ここでは、次の 2 変数関数の極大と極小を計算します。

$$z_3(x,y) = x^3 + y^3 - 3xy \tag{7.11}$$

極大・極小など関数の特徴を調べる最初のステップは、関数をプロットして可視化することです。

In [19]:

```
z3 = x**3 + y**3 - 3*x*y
```

```
# 3 次元グラフの作成
plot3d(z3, (x, -2, 2), (y, -2, 2))
```

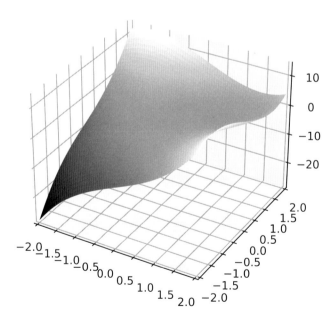

図 7.10: $f(x,y) = x^3 + y^3 - 3xy$ のプロット

プロットから $(x, y) = (1, 1)$ 付近に関数が極小となる極小点があることがわかります。

次に、関数の偏微分を計算し、$\frac{\partial f}{\partial x} = \frac{\partial f}{\partial y} = 0$ となる停留点を計算します。

In [20]:

```
# 停留点を計算
from sympy import solve

# f_x = f_y = 0 を満たす点を求める
para = solve([z3.diff(x), z3.diff(y)], [x, y])
para
```

Out[20]:

$[(0, 0), (1, 1)]$

2つの停留点 $(x, y) = (0, 0)$ と $(x, y) = (1, 1)$ があることがわかります。

求まった停留点が極大点、極小点、鞍点かを判別します。式 (7.10) の判別式 discrim を実装します。

In [21]:

```
# 判別式
def discrim (f, a):
    _d = (f.diff(x).diff(y))**2 - f.diff(x, 2) * f.diff(y, 2)
    return _d.subs([(x, a[0]), (y, a[1])])
```

判別式を実装したら、2つの停留点を判別します。

In [22]:

```
# (x, y) = (0, 0) は判別式 > 0 極大・極小ではない
discrim(z3, para[0])
```

Out[22]:

9

1 つ目の停留点 $(x, y) = (0, 0)$ を判別式に代入した結果は、判別式 $= 9$ と求まります。判別式 > 0 であるため、停留点 $(x, y) = (0, 0)$ は極大点、極小点でありません。

もう 1 つの停留点 $(x, y) = (1, 1)$ の判別式を計算します。

In [23]:

```
# (x, y) = (1, 1) は判別式 < 0 極大・極小をとる
discrim(z3, para[1])
```

Out[23]:

-27

2 つ目の停留点 $(x, y) = (1, 1)$ を判別式に代入した結果、判別式 $= -27$ と求まります。判別式 < 0 であるため、停留点 $(x, y) = (1, 1)$ は極大点か極小点となります。

極大か極小を判定するために、2 階偏微分を計算します。

In [24]:

```
z3.diff(x, 2).subs([(x, para[1][0]), (y, para[1][1])])
```

Out[24]:

6

停留点 $(x, y) = (1, 1)$ における 2 階偏微分の極性は正 (> 0) であるため、この点は極小点となることがわかります。

最後に、停留点 $(x, y) = (1, 1)$ の極小値を計算します。

In [25]:

```
# (x, y) = (1, 1) は極小値
z3.subs([(x, para[1][0]), (y, para[1][1])])
```

Out[25]:

-1

計算結果から、極小値は -1 であることがわかります。つまり

$$z_3(x, y) = x^3 + y^3 - 3xy$$

は $(x, y) = (1, 1)$ で極小値 -1 です。はじめのプロットで推測された通り、計算結果からも $(x, y) = (1, 1)$ で極小値となることがわかりました。

2変数関数ではプロットから、極大と極小は一目瞭然にわかる場合がありますが、プロットを作ることが難しい場合でも微分計算から関数の極大・極小を求めることができます。

7.5 | 最小二乗法

ある関数の値を最小化（もしくは最大化）する問題を**最適化問題**と呼びます。**最小二乗法**とは、最適化問題の1つであり、実験で得られた測定データを、1次関数や指数関数などの関数モデルで近似する場合などで使用されます。最小二乗法では、測定データと関数モデルの差の二乗和（**損失関数**；loss function）を計算し、関数モデルの係数を求めます。損失関数は関数モデルの係数を変数に持つ多変数関数です。その多変数関数の最小を計算するために、偏微分を使用します。

ここでは直線近似を例に、最小二乗法の計算をします。具体的には Python で生成するダミーデータに対して、最もデータを再現する1次関数モデル $ax + b$ の係数 a と b を求めます。係数 a と b を求めることをフィッティングすると呼びます。次の手順に沿って解説します。

- ダミーデータの作成

- 損失関数の計算

- 偏微分を使用した損失関数の最小点の計算

- フィッティング結果の確認

7.5.1 ダミーデータの作成

フィッティングに使用するダミーデータを作成します。実際の測定データの代わりにダミーデータを使う理由は、フィッティングで求められるパラメータの確からしさを確認するためです。作成するダミーデータは、$y = 0.3x - 1 (0 < x < 1)$ のデータに意図的にノイズを加えたものです。ノイズを加えるために、疑似乱数を生成する NumPy の random 関数を使用します。

Python を使用してダミーデータを作成し、ダミーデータをプロットします。

```python
# ダミーデータを作成
from numpy.random import default_rng

# 乱数生成の設定
rng = default_rng(1)

# ダミーデータのサイズ
N_t = 16

# 0 < x < 1 の範囲で乱数を生成
x_n = rng.random(N_t)
# データのソート
x_n = np.sort(x_n)

# データ 0.3x - 1 にノイズを加える
t_n = 0.3 * x_n - 1 + rng.normal(0, 0.03, N_t)

# ダミーデータのプロット
fig = plt.figure()
plt.scatter(x_n, t_n)
```

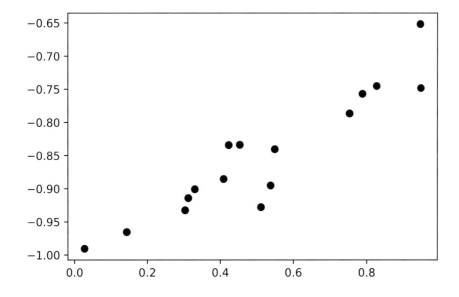

図 7.11: $ax + b$ フィッティング用ダミーデータ

ダミーデータに対してフィッティングを行い、直線近似 $ax + b$ を求めたとき、係数 a, b がそれぞれ、$a \simeq 0.3$、$b \simeq -1$ となれば良い近似ができたことになります。

7.5.2 損失関数の計算

フィッティングする直線近似式を、変数 x_n と係数 a, b の次の関数とします。

$$y(x_n, a, b) = ax_n + b \tag{7.12}$$

ここで、x_n の下付き文字 n は $n = 1, 2, \cdots$ のデータ番号に対応した数です。

生成したダミーデータを t_n とすると、$x = x_n$ における直線近似 $y(x_n, a, b)$ との差は次の式になります。

$$t_n - (ax_n + b) \tag{7.13}$$

$n = 1, 2, \cdots$ のすべての点の差の総和が最小となる条件を見つけるため、差の二乗和を考えます。

$$E(a, b) = \frac{1}{N} \sum_{n=1}^{N} \{t_n - (ax_n + b)\}^2 \tag{7.14}$$

これが最小二乗法における損失関数です。ダミーデータは直線の上にも下にも存在するた

209

め、差は「＋」「−」の両符号をとります。両符号をとる差を二乗し符号をすべて「＋」とすることで、正しく差の影響を見積もれるようにします。N で割っているのは誤差の平均を計算するためです。

損失関数を最小にする a, b を求めるために、はじめに損失関数 E を実装します。

```python
# 損失関数 E の計算
a, b = symbols('a b', real=True)

E = 0

# 差の二乗和の計算
for i in range(N_t):
    E = E + (t_n[i] - (a * x_n[i] + b))**2

E = E / N_t
```

損失関数 E を simplify で式の形を整理した状態で確認します。

```python
# 式計算
from sympy import simplify

simplify(E).evalf(1)
```

Out[28]:

$$0.3a^2 + 1.0ab + 0.8a + 1.0b^2 + 2.0b + 0.7$$

損失関数は式 (7.14) で定義した通り、a, b の 2 変数の 2 次関数であることを確認できます。

損失関数の形状を変数 (a, b) に対する 3 次元プロットから確認します。

In [29]:

```
# 損失関数 E の３次元プロット
plot3d(E, (a, -7, 2), (b, -10, 10), xlabel='a', ylabel='b')
```

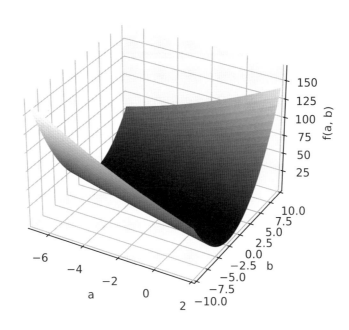

図 7.12: 損失関数 E のグラフ

３次元プロットからわかるように、損失関数 $E(a,b)$ は下に凸の形状であり、極小となる点が存在しそうです。

7.5.3 　損失関数の極小値の計算

損失関数 $E(a,b)$ の極値を求めるために、$E(a,b)$ の停留点を求めましょう。停留点は１階微分が 0 となる点です。つまり、停留点 (a,b) は連立方程式

$$\frac{\partial E(a,b)}{\partial a} = 0 \tag{7.15}$$

$$\frac{\partial E(a,b)}{\partial b} = 0 \tag{7.16}$$

の解です。この方程式を解き停留点 (a,b) を求めます。

211

```
# 停留点の計算
para_lsm = solve([E.diff(a), E.diff(b)], (a, b))
para_lsm
```

Out[30]:

{a: 0.315390450360661, b: -1.01361609289476}

停留点は $(a, b) = (0.315, -1.01)$ の 1 点が求まりました。作成したダミーデータで使用した係数 $a = 0.3$ と $b = -1$ とほぼ一致していることがわかります。3 次元プロットから損失関数は下に凸の関数であることがわかっているため、この停留点で損失関数は極小となります。

7.5.4　直線近似の確認

ダミーデータのプロットに直線近似の結果をプロットして重ねてみましょう。

In [31]:

```
# 近似直線
y_n = para_lsm[a] * x_n + para_lsm[b]

# ダミーデータのプロット
plt.scatter(x_n, t_n)

# 近似直線のプロット
plt.plot(x_n, y_n)

plt.show()
```

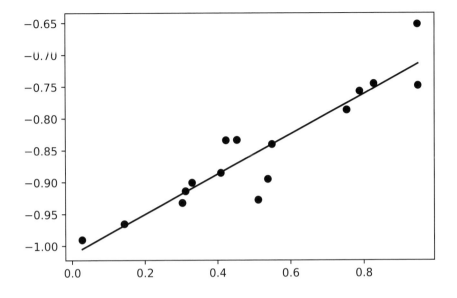

図 7.13: ダミーデータと近似直線のプロット

最小二乗法で求めたダミーデータに対する直線近似の結果です。ばらついて分布している
ダミーデータの中央を通るような直線となることがわかります。

7.5.5 係数の式計算

Python を使用して、損失関数の極小値を計算することで、a と b のパラメータを計算
しました。ここでは、式 (7.14) の偏微分から、a と b を与える数式を計算し、a と b を見
ていきます。

SymPy を使用して、損失関数 E を実装します。コードでは式 (7.14) の x_n は x(n) に、
t_n は t(n) に置き換えます。

In [32]:

```
from sympy import Function, Sum
x = Function('x')
t = Function('t')
a, b = symbols('a b')
```

```
n, N = symbols('n N', integer=True)

# Sum は和の計算
E = Sum((t(n) - (a*x(n) + b))**2, (n, 1, N)) / N
E
```

Out[32]:

$$\frac{\sum_{n=1}^{N}\left(-ax(n) - b + t(n)\right)^2}{N}$$

損失関数 E の a についての偏微分 E_a と b についての偏微分 E_b を計算します。

In [33]:

```
E_a = diff(E, a)
E_b = diff(E, b)
```

E_a の式を確認します。expand 関数で $\sum$ の数式の展開を行い、doit メソッドで和の計算を実行します。

In [34]:

```
from sympy import expand
expand(E_a).doit()
```

Out[34]:

$$\frac{\sum_{n=1}^{N} 2ax^2(n)}{N} + \frac{\sum_{n=1}^{N} 2bx(n)}{N} + \frac{\sum_{n=1}^{N} -2t(n)x(n)}{N}$$

次に E_b の式を確認します。E_a の場合と同様に、expand 関数で $\sum$ の数式の展開を行い、doit メソッドで和の計算を実行します。

In [35]:

```
expand(E_b).doit()
```

Out[35]:

$$2b + \frac{\sum_{n=1}^{N} 2ax(n)}{N} + \frac{\sum_{n=1}^{N} -2t(n)}{N}$$

E_a と E_b の式について、次の式の置き換えをします。

$$<x> = \frac{1}{N} \sum_{n=1}^{N} x(n) \tag{7.17}$$

$$<t> = \frac{1}{N} \sum_{n=1}^{N} t(n) \tag{7.18}$$

$$<x^2> = \frac{1}{N} \sum_{n=1}^{N} x(n)^2 \tag{7.19}$$

$$<tx> = \frac{1}{N} \sum_{n=1}^{N} t(n)x(n) \tag{7.20}$$

ここで $<X>$ は $X(n)$ の平均を表します。この置き換えから E_a と E_b は次の式になります。

$$E_a = 2 <x^2> a + 2 <x> b - 2 <tx> \tag{7.21}$$

$$E_b = 2b + 2 <x> a - 2 <t> \tag{7.22}$$

式の置き換えを Python で実行するために、$<x>$、$<x^2>$、$<t>$、$<tx>$ のシンボルを作成します。

In [36]:

```
X, XX, TX, T = symbols('<x> <x^{2}> <tx> <t>')
```

式を X, XX, TX, T のシンボルに置き換えて、a と b が満たす式を計算します。

In [37]:

```
from sympy import linsolve
eq_a = 2*XX*a + 2*X*b - 2*TX
eq_b = 2*b + 2*X*a - 2*T
sol = linsolve([eq_a, eq_b], (a, b))
sol
```

$$\left\{ \left(\frac{<t><x>-<tx>}{<x>^2-<x^2>} , \frac{-<t><x^2>+<tx><x>}{<x>^2-<x^2>} \right) \right\}$$

計算結果から a と b は次の式になります。

$$a = \frac{<t><x>-<tx>}{<x>^2-<x^2>} \tag{7.23}$$

$$b = \frac{-<t><x^2>+<tx><x>}{<x>^2-<x^2>} \tag{7.24}$$

ダミーデータ t_n と x 軸データ x_n を使用して、X, XX, TX, T に値を代入してみましょう。

In [38]:

```
X_val = np.average(x_n)
T_val = np.average(t_n)
XX_val = np.average(x_n**2)
TX_val = np.average(t_n*x_n)

sol.subs(((X, X_val), (T, T_val), (XX, XX_val), (TX, TX_val)))
```

Out[38]:

$\{(0.315390450360657, -1.01361609289476)\}$

7.5.3 節と同じ、$(a,b) = (0.315, -1.01)$ を求めることができます。これは実行している計算が同じであるため当然の結果ですが、数式を使用して計算することで、パラメータ a、b は x、x^2、t、tx の平均の計算から求まることがわかりました。コンピュータで機械的に計算するだけでは簡単にわからない、このような関係性を見出すことができるのが、数式を使用するメリットと言えます。

まとめ

- 多変数関数とは 2 つ以上の変数を持つ関数のことです。

- 偏微分は多変数関数の微分のことで、多変数の 1 つの変数に着目して微分計算をすることです。

- 偏微分を使うことで多変数関数の極値の計算ができ、機械学習の基礎となる最小二乗法の計算などに応用できます。

　2変数関数の極値の判別式には、停留点における関数のテイラー展開を使用します。ここでは、式の導出にテイラー展開を使用する部分を解説します。

　1変数関数のテイラー展開の場合と同様に、2変数関数のテイラー展開は次の式で書くことできます。

$$f(x+h, y+k) = f(x,y) + \left(h\frac{\partial}{\partial x} + k\frac{\partial}{\partial y} \right) f(x,y)$$
$$+ \frac{1}{2!} \left(h\frac{\partial}{\partial x} + k\frac{\partial}{\partial y} \right)^2 f(x,y) + \dots \tag{7.25}$$

ここで導関数を次のように記します。

$$\frac{\partial f}{\partial x} = f_x \tag{7.26}$$

$$\frac{\partial^2 f}{\partial x^2} = \frac{\partial f_x}{\partial x} = f_{xx} \tag{7.27}$$

停留点 $(x,y) = (a,b)$ では $f_x(a,b) = f_y(a,b) = 0$ であるため、$(x,y) = (a,b)$ における式 (7.25) は次の式に変形できます。

$$f(a+h, b+k) - f(a,b)$$
$$= \frac{1}{2!} \left\{ h^2 f_{xx}(a,b) + 2hk f_{xy}(a,b) + k^2 f_{yy}(a,b) \right\} \tag{7.28}$$

ここではテイラー展開は2次の項まで記してあります。

　停留点付近の式 (7.28) の左辺の符号は、次の式の符号で決まります。

$$I = \frac{1}{2!} \left\{ h^2 f_{xx}(a,b) + 2hk f_{xy}(a,b) + k^2 f_{yy}(a,b) \right\} \tag{7.29}$$

式 (7.29) が、どんな (h,k) においても次の条件を満たすならば、関数の極大と極小を判定することができます。

- $I > 0$ なら停留点の近傍は $f(a,b)$ より大きい。$f(x,y)$ は点 (a,b) で極小

- $I < 0$ なら停留点の近傍は $f(a,b)$ より小さい。$f(x,y)$ は点 (a,b) で極大

上記の条件以外では極値となりません。

　式 (7.29) は次の式に変形できます。

$$I = \frac{1}{2!} k^2 \left\{ \left(\frac{h}{k} \right)^2 f_{xx}(a,b) + 2 \left(\frac{h}{k} \right) f_{xy}(a,b) + f_{yy}(a,b) \right\} \tag{7.30}$$

$k^2 > 0$ であるため、I の符号は次の式の符号で決まります。

$$\left(\frac{h}{k}\right)^2 f_{xx}(a,b) + 2\left(\frac{h}{k}\right) f_{xy}(a,b) + f_{yy}(a,b) \qquad (7.31)$$

式 (7.31) を $\frac{h}{k}$ の 2 次関数とみなすと、次のようにまとめられます。

- $f_{xy}^2 - f_{xx}f_{yy} > 0$ なら、I は正にも負にもなる。$(x,y) = (a,b)$ は **鞍点** となる

- $f_{xy}^2 - f_{xx}f_{yy} < 0$ かつ $f_{xx} < 0$ なら、$I < 0$。$(x,y) = (a,b)$ は **極大** となる

- $f_{xy}^2 - f_{xx}f_{yy} < 0$ かつ $f_{xx} > 0$ なら、$I > 0$。$(x,y) = (a,b)$ は **極小** となる

　以上のように、2 変数関数の極値判定の式を導出することができます。ここでは計算の概要を示したまでなので、詳細は巻末の参考文献を参照してください。

CHAPTER

08

TITLE

微分方程式

微分方程式とは、名前の通り微分を含む方程式のことです。さまざまな自然現象は、数学を使うことでモデル化することができ、モデル化には微分方程式が活用されます。自然現象を微分方程式で表現できれば、微分方程式からその振る舞いや挙動を調べることができます。本章では微分方程式の基本を解説します。

8.1 　微分方程式とは

微分方程式は未知関数とその導関数の関係性を表す方程式です。例えば、x を変数とする未知関数 y についての微分方程式

$$\frac{dy}{dx} = -y \tag{8.1}$$

は、「y の x についての 1 階微分（左辺 $\frac{dy}{dx}$）は、もとの関数の -1 倍（右辺 $-y$）に等しい」の関係を表しています。他の例

$$\frac{d^2y}{dx^2} = -y \tag{8.2}$$

は、「y の x についての 2 階微分（左辺 $\frac{d^2y}{dx^2}$）は、もとの関数の -1 倍（右辺 $-y$）に等しい」の関係を表しています。式 (8.1) は、方程式に含まれる導関数の最高の階数が 1 階の微分であるため 1 階微分方程式、式 (8.2) は最高の階数が 2 階の微分であるため 2 階微分方程式と呼びます。式 (8.1) と式 (8.2) の方程式の形は似ていますが、方程式の解となる関数 y は異なります。後の節では、式 (8.1) は減衰運動を、式 (8.2) は振動運動を表す微分方程式であることを見ていきます。

8.2 　微分方程式を解く

　微分方程式を解くとは、微分方程式を満たす関数を求めることです。微分方程式を満たす関数のことを、微分方程式の**解**と呼びます。例えば、式 (8.1) の微分方程式を解くとは、「y の x についての 1 階微分は、もとの関数の -1 倍に等しい」の関係を満たす関数を求めることです。

　ここからは SymPy を使用して微分方程式を解く方法を見ていきます。ここでは、次の微分方程式を考えます。

$$\frac{dx}{dt} = -x \tag{8.3}$$

はじめに必要なモジュールをインポートします。

In [1]:

```
# 微分方程式を作成するために、Eq と Function をインポートする
from sympy import init_printing, symbols, Eq, Function
from sympy.plotting import plot

init_printing(use_latex='mathjax')
```

SymPy を使用して微分方程式を入力するために、Function と Eq をインポートします。

式 (8.3) の微分方程式を入力します。x の t についての 1 階微分 $\frac{dx}{dt}$ は、微分を計算する diff メソッドを使用して x(t).diff(t) と記述します。微分方程式のオブジェクト diffeq は Eq(左辺, 右辺) と記述して作成します。

In [2]:

```
t = symbols('t', real=True)
# x を Function としてインスタンス化
x = Function('x')

# Eq(左辺, 右辺) を使用して微分方程式 diffeq を作成
diffeq = Eq(x(t).diff(t), -x(t))
diffeq
```

Out[2]:

$$\frac{d}{dt}x(t) = -x(t)$$

微分方程式が正しく入力されたことを確認したら、微分方程式を解くステップに進みます。微分方程式は、SymPy の dsolve 関数を使用して解きます。dsolve 関数は、引数を dsolve(微分方程式, 未知関数) と与えることで、微分方程式の解を返します。微分方程式の解は gen_sol_1 に格納しておきます。

```
# 微分方程式を解くために dsolve をインポートする
from sympy import dsolve

gen_sol_1 = dsolve(diffeq, x(t))
gen_sol_1
```

Out[3]:

$$x(t) = C_1 e^{-t}$$

この微分方程式の解には任意定数 C_1 が含まれています。この任意定数を含む解を、微分方程式の**一般解**と呼びます。任意定数の値を変えて得られるさまざまな関数が、微分方程式の解になることを示しています。

$t = t_0$ のとき $x = x_0$ とする**初期条件**が与えられる場合は、任意定数 C_1 を一意に決めることができます。初期条件 ($t = t_0$ のとき $x = x_0$) のときの、C_1 を求めます。

In [4]:

```
from sympy import solveset

# 初期状態 t0, x0 とそのときの C1
t0, x0 = symbols('t0 x0', real=True)
C1 = symbols('C1')

# 初期条件から C_1 を計算
C_1 = solveset(gen_sol_1.subs([(t, t0), (x(t0), x0)]), C1)

# 解は args プロパティにアクセスして取得
C_1.args[0]
```

Out[4]:

$$x_0 e^{t_0}$$

ここでは $x(t_0) = x_0 = C_1 e^{-t_0}$ を C_1 について解くことをしています。具体的には、一般

解 gen_sol_1 に $t = t_0$ と $x = x_0$ を代入し C_1 について解いています。

最後に、初期条件から求まった C_1 を一般解に代入します。

```
In [5]:
# subs メソッドで初期条件から求めた C_1 を代入
par_sol_1 = gen_sol_1.subs(C1, C_1.args[0])
par_sol_1
```

```
Out[5]:
```

$$x(t) = x_0 e^{-t} e^{t_0}$$

このように任意定数を含まない解を求める問題を**初期値問題**と呼び、初期条件を満たす微分方程式の解を**特殊解**と呼びます。

本節では SymPy を使用した微分方程式の解き方を見ました。次節からは物理、数理分野で登場する微分方程式を紹介します。

8.3 | 運動方程式を解く

8.3.1 運動方程式

物理学の力学で登場する最も基本的な微分方程式は、**ニュートンの運動方程式**

$$ma = F \tag{8.4}$$

です。ここで m は物体の質量、a は物体の加速度、F は物体に働く力です。この式には微分が含まれていないように見えますが、実は加速度 a は時刻 t における物体の位置 $x(t)$ の2階微分で与えられます。つまり加速度 a は次の式で書くことができます。

$$a(t) = \frac{d^2 x}{dt^2}$$

そのため、運動方程式は次の式になります。

$$m\frac{d^2 x}{dt^2} = F \tag{8.5}$$

これは物体の位置 $x(t)$ についての2階微分方程式です。ここでは天下り式に、加速度 a は時刻 t における物体の位置 $x(t)$ の2階微分で与えました。物体の位置、速度、加速度の間

の微分積分の関係についてはコラムを参照してください。

コラム：速度と加速度

■速度

速度は次の計算で求めることができます。

$$\text{速度} = \frac{\text{移動距離}}{\text{移動に要した時間}}$$

例えば、東京から大阪までの 500km の道のりを、新幹線を使って 2 時間 30 分で移動した場合 移動距離 = 500[km]、移動に要した時間 = 2.5[時間] であるため、新幹線の速度は次のように計算できます。

$$\text{速度} = \frac{\text{移動距離}}{\text{移動に要した時間}} = \frac{500[\text{km}]}{2.5[\text{時間}]} = 200[\text{km/時間}]$$

次に、速度を数式で表現します。物体が時刻 t のとき位置 $x(t)$ にあり、時間 Δt 後の時刻 $t + \Delta t$ に物体は位置 $x(t + \Delta t)$ にあるとします。時刻 t から時刻 $t + \Delta t$ かけての物体の移動距離は $x(t + \Delta t) - x(t)$ であり、移動に要した時間は Δt です。このとき、速度は次の式で計算できます。

$$\text{速度} = \frac{\text{移動距離}}{\text{移動に要した時間}} = \frac{x(t + \Delta t) - x(t)}{\Delta t}$$

これを平均速度 $v_{\text{ave}}(t)$ と呼びます。

> **平均速度**
>
> 時刻 t から時刻 $t + \Delta t$ にかけての**平均速度** $v_{\text{ave}}(t)$ は位置 $x(t)$ を用いて次の式で定義する。
>
> $$v_{\text{ave}}(t) = \frac{x(t + \Delta t) - x(t)}{\Delta t}$$

先ほど計算した新幹線の速度は平均の速度です。

平均速度において Δt を限りなく小さくすると、瞬間の速度（または単に速度）$v(t)$ を定義することができます。

瞬間の速度

瞬間の速度 $v(t)$ は位置 $x(t)$ を用いて次の式で定義する。

$$v(t) = \lim_{\Delta t \to 0} \frac{x(t+\Delta t) - x(t)}{\Delta t}$$

$$v(t) = \frac{dx}{dt}$$

瞬間の速度は位置 $x(t)$ の時間の 1 階微分であることがわかります。

■加速度

加速度は次の計算から求めることができます。

$$\frac{\text{速度変化量}}{\text{要した時間}}$$

例えば、飛行機が離陸する前に、時速 240[km/h] に到達するのに滑走路を 30 秒走った場合の加速度を求めてみます。初速度が 0 とすると 速度変化量 = 240[km/h]、要した時間 = 30[秒] であるため、飛行機の加速度は

$$\frac{\text{速度変化量}}{\text{要した時間}} = \frac{240[\text{km/h}]}{30[\text{秒}]} = 8[\text{km/h/秒}]$$

となります。

次に、加速度を数式で表現します。時刻 t における速度 $v(t)$ と時間 Δt 後の時刻 $t + \Delta t$ における速度 $v(t+\Delta t)$ から加速度 $a_{\text{ave}}(t)$ は次の式で書くことできます。

$$a_{\text{ave}}(t) = \frac{v(t+\Delta t) - v(t)}{(t+\Delta t) - t} = \frac{v(t+\Delta t) - v(t)}{\Delta t}$$

Δt を限りなく小さくすると、加速度 $a(t)$ を定義することができます。

加速度

加速度 $a(t)$ は速度 $v(t)$ を用いて、次の式で定義する。

$$a(t) = \lim_{\Delta t \to 0} \frac{v(t+\Delta t) - v(t)}{\Delta t}$$

$v(t) = \frac{dx}{dt}$ であることに注意すると、

$$a(t) = \frac{dv}{dt} = \frac{d^2 x}{dt^2}$$

加速度 $a(t)$ は位置 $x(t)$ の時間の 2 階微分であることがわかります。

運動方程式を解くことで、位置、速度などの物体の運動を調べることができます。以下では、自由落下、空気抵抗ありの自由落下、バネによる振動の 3 つの運動を見ていきます。

8.3.2 自由落下

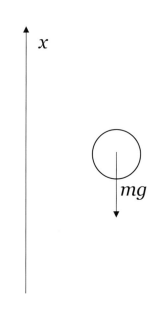

図 8.1: 物体の自由落下

自由落下では空気の摩擦や抵抗はなく、重力のみが物体に働きます。物体に働く重力の大きさは mg です。ここで、m は物体の質量、g は重力加速度 $9.8[\mathrm{m/s^2}]$ です。図 8.1 に示す座標系をとると、自由落下の運動方程式は次の式になります。

$$m\frac{d^2x}{dt^2} = -mg \tag{8.6}$$

はじめに、自由落下の運動方程式の一般解を求めてみましょう。Python に自由落下の運動方程式を入力します。

In [6]:

```
# 自由落下の運動方程式
m, g = symbols('m g', real=True, positive=True)
eom_free_fall = Eq(m*x(t).diff(t, 2), -m*g)
```

```
eom_free_fall
```

Out[6]:

$$m\frac{d^2}{dt^2}x(t) = -gm$$

自由落下の運動方程式 eom_free_fall を dsolve 関数で解きます。

In [7]:

```
gen_sol_2 = dsolve(eom_free_fall, x(t))
gen_sol_2
```

Out[7]:

$$x(t) = C_1 + C_2 t - \frac{gt^2}{2}$$

一般解は、時刻 t の 2 次関数であることがわかります。これは、自由落下の運動方程式が 2 回微分したら定数となること、つまり $\frac{d^2x}{dt^2} = g(定数)$ となることからも明らかです。定数 C_1 と C_2 は初期条件で決まる数です。

　次に時刻 $t = 0$ における初期条件を、高さ $x(0) = h$、初速度 $v(0) = 0$ とした場合の定数 C_1 と C_2 を求めてみましょう。この初期条件は高さ h の位置から、初速度を与えないで物体を落とした場合に相当します。$v(0) = 0$ の条件を考えるために、速度 $v = \frac{dx}{dt}$ を gen_sol_2 の両辺の微分から求めます。

In [8]:

```
diff_gen_sol_2 = Eq(gen_sol_2.lhs.diff(t), gen_sol_2.rhs.diff(t))
diff_gen_sol_2
```

Out[8]:

$$\frac{d}{dt}x(t) = C_2 - gt$$

初期条件 $x(0) = h$、$\frac{d}{dt}x(0) = 0$ から定数 C_1 と C_2 を求めます。具体的には、gen_sol_2

と diff_gen_sol_2 の連立方程式を解きます。

```
# 初期条件から C1 と C2 を求める
from sympy import linsolve
C2, h = symbols('C2 h')

# 連立方程式を解く
C_2 = linsolve([gen_sol_2, diff_gen_sol_2], (C1, C2))
# 連立方程式の解に初期条件を代入
C_2 = C_2.subs([(x(t).diff(t), 0), (t, 0), (x(0), h)])
C_2 = [(C1, C_2.args[0][0]), (C2, C_2.args[0][1])]
C_2
```

Out[9]:

$$[(C_1, \quad h), \quad (C_2, \quad 0)]$$

ここでは、linsolve で連立方程式を解き、その解を C_2 に格納しています。C_2 に subs メソッドで初期条件 $x(0) = h$、$v(0) = 0$ を代入し、C_1 と C_2 を求めます。計算から $C_1 = h$、$C_2 = 0$ と求まります。C_1 が初期条件の高さ h、C_2 が初速度 0 に対応しています。

一般解 gen_sol_2 に subs メソッドで C_1 と C_2 を代入します。

```
par_sol_2 = gen_sol_2.subs(C_2)
par_sol_2
```

Out[10]:

$$x(t) = -\frac{gt^2}{2} + h$$

求められた解は $t = 0$ において、

$$x(0) = -\frac{g}{2} \cdot 0^2 + h = h$$

$$x'(0) = -g \cdot 0 = 0$$

であるため、初期条件 $x(0) = h$、$v(0) = 0$ を満たすことを確認できます。

ここまでは、微分方程式の一般解を求め、初期条件から定数 C_1 と C_2 を計算しました。SymPy の dsolve 関数で微分方程式を解く場合は、dsolve 関数の ics オプションを使用することで、初期条件を考慮して微分方程式の解を求めることができます。

In [11]:

```
# ics に辞書型で初期条件を与える
dsolve(eom_free_fall, x(t),
       ics={x(0):h, x(t).diff(t).subs(t, 0):0})
```

Out[11]:

$$x(t) = -\frac{gt^2}{2} + h$$

ics={x(0):h, x(t).diff(t).subs(t, 0):0} とすることで、初期条件 $x(0) = h$、$v(0) = 0$ を与えています。出力された結果は、連立方程式を使用して計算した C_1 と C_2 と一致することを確認できます。

重力加速度 $g = 9.8[\mathrm{m/s^2}]$、高さ $h = 9.8[\mathrm{m}]$ から物体を落下させたときの時刻 t における位置 $x(t)$ をプロットします。

In [12]:

```
# プロットの作成
const_free_fall = [(g, 9.8), (h, 1000)]
plot(par_sol_2.rhs.subs(const_free_fall), (t, 0, 20))
```

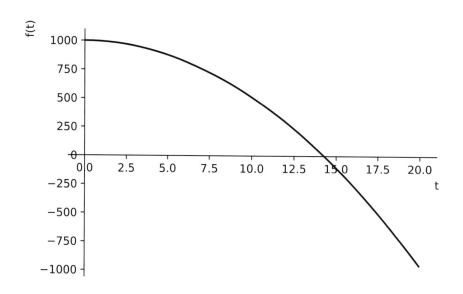

図 8.2: 自由落下

物体は時刻 t とともに落下し $t = 15[\mathrm{s}]$ 付近では、地上 $h = 0[\mathrm{m}]$ に到達していることがわかります。

8.3.3 自由落下（空気抵抗あり）

自由落下している物体に空気抵抗が働く場合を考えます。

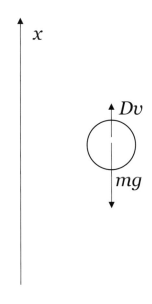

図 8.3: 空気抵抗があるときの物体の落下

図 8.3 のような座標系をとると、運動方程式は次の式になります。

$$m\frac{d^2x}{dt^2} = -mg - D\frac{dx}{dt} \tag{8.7}$$

$-D\frac{dx}{dt}$ は空気抵抗による項です。定数 D は粘性摩擦係数と呼ばれることがあり、空気抵抗は、物体の速度 $\frac{dx}{dt}$ に比例し、物体の速度と逆向きに物体に作用します。

自由落下の場合と同様に、微分方程式を解くために、微分方程式を入力します。

In [13]:

```
D = symbols('D', real=True, positive=True)

# 運動方程式を入力
eom_free_fall_w_res = Eq(m*x(t).diff(t, 2), -m*g - D*x(t).diff(t))
eom_free_fall_w_res
```

Out[13]:

$$m\frac{d^2}{dt^2}x(t) = -D\frac{d}{dt}x(t) - gm$$

物体に働く力に空気抵抗 $-D\frac{d}{dt}x(t)$ の項が含まれています。

空気抵抗がある自由落下の運動方程式の一般解を求めましょう。

In [14]:

```python
# 一般解の計算
gen_sol_3 = dsolve(eom_free_fall_w_res, x(t))
gen_sol_3
```

Out[14]:

$$x(t) = C_1 + C_2 e^{-\frac{Dt}{m}} - \frac{gmt}{D}$$

自由落下の運動方程式の一般解が $x(t) = C_1 + C_2 t - \frac{gt^2}{2}$ の時刻 t の 2 次関数であるのに対して、空気抵抗がある場合の一般解は時刻 t の 1 次式 $-\frac{gmt}{D}$ と指数関数 $e^{-\frac{Dt}{m}}$ で構成されています。

自由落下の場合と同じく初期条件 $x(0) = h$、$v(0) = 0$ で特殊解を求めましょう。

In [15]:

```python
from sympy import simplify
# 特殊解の計算
par_sol_3 = dsolve(eom_free_fall_w_res, x(t),
                   ics={x(0):h, x(t).diff(t).subs(t, 0):0})
simplify(par_sol_3)
```

Out[15]:

$$x(t) = h - \frac{gmt}{D} + \frac{gm^2}{D^2} - \frac{gm^2 e^{-\frac{Dt}{m}}}{D^2}$$

初期条件 $x(0)$ は

$$x(0) = h - \frac{gm}{D} \cdot 0 + \frac{gm^2}{D^2} - \frac{gm^2}{D^2} \cdot 1 = h$$

から $x(0) = h$ を満たしていることがわかります。

速度 $v(t)$ を確認するためには $x(t)$ を微分する必要があります。

234

In [16]:

```
# 右辺は rhs プロパティを使用する
par_sol_3.rhs.diff(t)
```

Out[16]:

$$-\frac{gm}{D} + \frac{gme^{-\frac{Dt}{m}}}{D}$$

$v(t) = -\frac{gm}{D} + \frac{gme^{-\frac{Dt}{m}}}{D}$ であるため、

$$v(0) = -\frac{gm}{D} + \frac{gm}{D} \cdot 1 = 0$$

となり $v(0) = 0$ を満たしていることがわかります。また、$t \to \infty$ のとき、速度 $v(t)$ は一定の速度

$$v \to -\frac{gm}{D}$$

に収束します。これは、物体が落下して速度が大きくなると、物体に働く空気抵抗も大きくなり、空気抵抗が重力加速度と釣り合うと物体の加速度が 0 となるからです。このときの速度 $-\frac{gm}{D}$ を終端速度と呼びます。

「空気抵抗なし」の自由落下と「空気抵抗あり」の自由落下の時刻 t における物体の位置 $x(t)$ をプロットします。重力加速度 $g = 9.8[\text{m/s}^2]$、高さ $h = 1000[\text{m}]$、粘性摩擦係数 $D = 0.2[\text{kg/s}]$、物体の質量 $m = 1[\text{kg}]$ としています。

In [17]:

```
# 各定数
const_free_fall_res = [(g, 9.8), (h, 1000), (D, 0.2), (m, 1)]

# プロットの作成
p = plot(par_sol_3.rhs.subs(const_free_fall_res),
        par_sol_2.rhs.subs(const_free_fall),
      (t, 0, 20), show=False, legend=True)

# 凡例の設定
p[0].label = 'With air resistance' # 空気抵抗あり
```

```
p[1].label = 'No air resistance' # 空気抵抗なし

p[0].line_color = 'b'
p[1].line_color = 'r'


p.show()
```

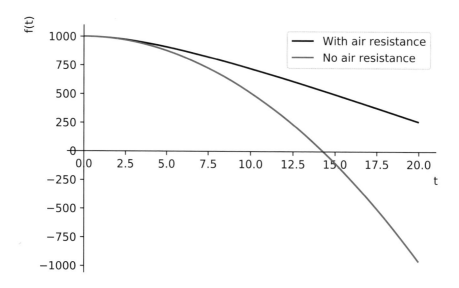

図 8.4: 空気抵抗ありの落下

　「空気抵抗なし」の自由落下は $t = 15[\mathrm{s}]$ では地上 $h = 0[\mathrm{m}]$ に到達しているのに対して、「空気抵抗あり」の自由落下は地上 $h = 0[\mathrm{m}]$ に到達するのに $20[\mathrm{s}]$ 以上要しています。空気抵抗の影響を考慮したことが微分方程式の解に表れていることがわかります。

8.3.4 バネによる振動

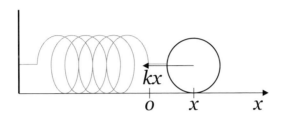

図 8.5: バネに取り付けられた物体

　質量 m の物体が、バネに取り付けられた状態を考えます。物体の位置を x、ばねの伸縮がゼロの状態である自然長での物体の位置を $x = 0$ とします。このとき、物体に働く力は正の定数 k を用いて $-kx$ と記すことができます。物体に働く $-kx$ のことを復元力と呼びます。この復元力によって、バネが伸びている $x > 0$ のときは物体には $-x$ 方向に力が働き、バネが縮んでいる $x < 0$ のときは物体には $+x$ 方向の力が働きます。

　物体がバネに取りけられた状態での運動方程式は次になります。

$$m\frac{d^2x}{dt^2} = -kx \tag{8.8}$$

　式 (8.8) の微分方程式は $\frac{d^2x}{dt^2} = -\frac{k}{m}x$ と書くことができるため、微分方程式の解は、2階微分をすると元の関数の $-\frac{k}{m}$ 倍となることがわかります。2回微分なすると元の関数形となる関数には、$\sin x$ や $\cos x$ があります。このことから、微分方程式の解には $\sin x$ や $\cos x$ が含まれていることが想像できます。

　微分方程式（式 (8.8)）を入力しましょう。

```
In [18]:
```

```python
# 正の実数である定数 k の作成
k = symbols('k', real=True, positive=True)
# 初期条件の定数の作成
v0, x0 = symbols('v0 x0', real=True)

# 運動方程式を入力
eom_simp_hosc = Eq(m*x(t).diff(t, 2), -k*x(t))
eom_simp_hosc
```

```
Out[18]:
```

$$m\frac{d^2}{dt^2}x(t) = -kx(t)$$

初期条件 $x(0) = x_0$ と $v(0) = v_0$ を与えるために、v0 と x0 を symbols で作成します。
次に、運動方程式の一般解を求めましょう。

```
In [19]:
```

```python
# 一般解の計算
gen_sol_4 = dsolve(eom_simp_hosc, x(t))
gen_sol_4
```

```
Out[19]:
```

$$x(t) = C_1 \sin\left(\frac{\sqrt{k}t}{\sqrt{m}}\right) + C_2 \cos\left(\frac{\sqrt{k}t}{\sqrt{m}}\right)$$

微分方程式の解には、$\sin x$ と $\cos x$ が含まれていることがわかります。$\sin x$ と $\cos x$ は周期的に変化する関数です。そのため、$x(t)$ は周期的に変化することがわかります。
　一般解の形を確認できたので、初期条件

$$x(0) = x_0 \quad v(0) = v_0$$

を与え、特殊解を求めましょう。

In [20]:

```
# 特殊解の計算
par_sol_4 = dsolve(eom_simp_hosc, x(t),
                   ics={x(0):x0, x(t).diff(t).subs(t, 0):v0})
par_sol_4
```

Out[20]:

$$x(t) = x_0 \cos\left(\frac{\sqrt{k}t}{\sqrt{m}}\right) + \frac{\sqrt{m}v_0 \sin\left(\frac{\sqrt{k}t}{\sqrt{m}}\right)}{\sqrt{k}}$$

　一般解と同じく特殊解は $\sin x$ と $\cos x$ で構成されていることがわかります。ここでの $\sin x$ と $\cos x$ の変数 x は、式変形から $\sqrt{\frac{k}{m}}t$ です。そのため、$\sin x$ と $\cos x$ が1周期する時間 T は $\sqrt{\frac{k}{m}}T = 2\pi$ から

$$T = 2\pi\sqrt{\frac{m}{k}} \tag{8.9}$$

となります。T の周期で振動する現象は単振動と呼ばれます。ここで、$f_0 = \frac{1}{T} = \frac{1}{2\pi}\sqrt{\frac{k}{m}}$ を固有振動数と呼び、$\omega_0 = 2\pi f_0 = \sqrt{\frac{k}{m}}$ を固有角振動数と呼びます。固有角振動数はバネの復元力の大きさを示す定数 k と物体の質量 m で決まる値であり、バネに取り付けられた物体の特有の振動数です。

　固有角振動数 $\omega_0 = \sqrt{\frac{k}{m}}$ を使用すると、特殊解の式の形が整理できます。$k = m\omega_0{}^2$ であるため、par_sol_4 の k を subs メソッドで m*w_0**2 に置き換えます。

In [21]:

```
w_0 = symbols('\omega_0', real=True, positive=True)
par_sol_4_omega = par_sol_4.subs(k, m*w_0**2)
par_sol_4_omega
```

Out[21]:

$$x(t) = x_0 \cos(\omega_0 t) + \frac{v_0 \sin(\omega_0 t)}{\omega_0}$$

固有振動数 ω_0 を使うことで、微分方程式の解の形が整理されました。

　固有振動数 $\omega_0 = 1$ として、初期条件 $x(0) = 1$　$v(0) = 0$、$x(0) = 0$　$v(0) = 1$ のときのバネによる振動の時間変化のプロットを作成し確認しましょう。

In [22]:

```
# 定数の設定
const_simp_hosc = [[(w_0, 1), (x0, 1), (v0, 0)],
                   [(w_0, 1), (x0, 0), (v0, 1)]]
# プロットの作成
p = plot(par_sol_4_omega.rhs.subs(const_simp_hosc[0]),
         par_sol_4_omega.rhs.subs(const_simp_hosc[1]),
         (t, 0, 10), legend=True, show=False)

p[0].label = '$\omega_0=1, x_0=1, v_0=0$'
p[1].label = '$\omega_0=1, x_0=0, v_0=1$'
p[0].line_color = 'b'
p[1].line_color = 'r'


p.show()
```

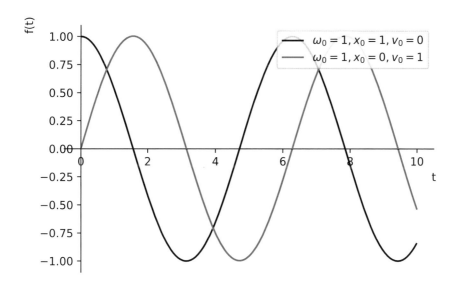

図 8.6: バネによる振動

周期的に位置が変化している様子がわかります。固有振動数 $\omega_0 = 1$ であるため、その周期は $T = 2\pi \simeq 6.3$ であることがわかります。

8.4 | 生物の増減を解く

ここまでは物理学（力学）における微分方程式を見てきました。ここからは、生物学への微分方程式の応用を見ていきましょう。

8.4.1 人口の増減

微分方程式の生物学への応用例として、人口の増減を見ていきます。はじめに、人口の増減を、次の微分方程式でモデル化することを考えます。

$$\frac{dp(t)}{dt} = ap(t) \tag{8.10}$$

$p(t)$ は時刻 t における人口で、a は人口増加率です。この式は「人口の増加速度 $\frac{dp(t)}{dt}$ は、そのときの人口に比例する」として、人口増加をモデル化したものになります。

この微分方程式を満たす $p(t)$ は、「微分すると a 倍となる関数」です。指数関数 e^{ax} の

微分は $\frac{d}{dx}e^{ax} = ae^{ax}$ であることから、$p(t)$ は指数関数であるとが予想できます。つまり一般解は

$$p(t) = Ce^{at} \tag{8.11}$$

の形になると予想できます。指数関数の肩にある変数 a が $a > 0$ のとき、$p(t)$ は指数関数的に単調増加します。つまり、このモデルでは $a > 0$ のときに人口が指数関数的に増えることになります。

8.4.2　ロジスティック方程式

　式 (8.10) の微分方程式は、居住環境や食糧の限界、その地域における最大の人口数などを考慮していません。このような制約をモデルに取り入れた微分方程式

$$\frac{dp(t)}{dt} = a\left(1 - \frac{p(t)}{K}\right)p(t) \tag{8.12}$$

が知られています。ここで、a、K は人口の増加率に関する定数です。式 (8.12) は**ロジスティック方程式**（logistic equation）と呼ばれます。この方程式では、式 (8.10) の右辺に $\left(1 - \frac{p(t)}{K}\right)$ が掛け合わされています。人口 $p(t)$ が増加すると、追加された項 $\left(1 - \frac{p(t)}{K}\right)$ は減少します。この項の追加によって、人口が増加しすぎると人口の増加率を減少させる効果を微分方程式に与えています。

　式 (8.12) のロジスティック方程式を Python を使って見ていきましょう。はじめに、方程式を入力します。

In [23]:

```
# 定数の作成
a, K = symbols('a K', real=True)
# 人口 p(t)
p = symbols('p', cls=Function, real=True)
# ロジスティック方程式の入力
logistic_eq = Eq(p(t).diff(t), a*p(t)*(1-p(t)/K))
logistic_eq
```

Out[23]:

$$\frac{d}{dt}p(t) = a\left(1 - \frac{p(t)}{K}\right)p(t)$$

　logistic_eq にロジスティック方程式を格納しておきます。

ここで、微分方程式を解く前に、微分方程式の特徴を確認しておきましょう。人口増加が止まる $\frac{dp(t)}{dt} = 0$ となるときの人口は、微分方程式を解かなくても見積もることができます。具体的には、$\frac{dp(t)}{dt} = a\left(1 - \frac{p(t)}{K}\right)p(t) = 0$ を計算します。Python を使用して計算してみましょう。

In [24]:

```
solveset(logistic_eq.rhs, p(t))
```

Out[24]:

$$\{0, K\}$$

この結果は、人口 $p = 0$ または $p = K$ のときに人口増加が止まることを示しています。$p = 0$ の状態からは人口は増加せず、また $p = K$ はその地域の最大収容人口であるため、人口の増加が止まります。

次に、Python を使用して、ロジスティック方程式の一般解を求めてみましょう。

In [25]:

```
# 一般解の計算
gen_sol_logistic = dsolve(logistic_eq, p(t))
gen_sol_logistic
```

Out[25]:

$$p(t) = \frac{Ke^{C_1 K + at}}{e^{C_1 K + at} - 1}$$

時刻 $t = t_0$ のとき人口 $p(t_0) = p_0$ を初期条件として、特殊解を求めます。

In [26]:

```
# 人口初期値 p0
p0 = symbols('p0', positive=True)
# 特殊解の計算
```

```
par_sol_logistic = dsolve(logistic_eq, p(t),
                          ics={p(t0):p0})
par_sol_logistic
```

Out[26]:

$$p(t) = \frac{Kp_0 e^{at} e^{-at_0}}{(-K + p_0)\left(\frac{p_0 e^{at} e^{-at_0}}{-K+p_0} - 1\right)}$$

分母と分子を $p_0 e^{a(t-t_0)}$ で割り、式を整理しておきます。

$$p(t) = \frac{K}{1 + \left(\frac{K}{p_0} - 1\right)e^{-a(t-t_0)}} \tag{8.13}$$

式 (8.13) が初期条件 $p(t_0) = p_0$ のときのロジスティック方程式の特殊解です。

時間が十分に経過した時刻 $t = \infty$ の人口 $p(\infty)$ を計算します。人口増加の場合を仮定して、a には $a > 0$ の値を代入します。

In [27]:

```
from sympy import limit, oo
# a には正の値を代入して極限値を計算
limit(par_sol_logistic.rhs.subs(a, 0.1), t, oo)
```

Out[27]:

K

時刻 $t = \infty$ では、人口 $p(\infty)$ はその地域の最大収容人口 K となることがわかります。

ロジスティック方程式の解を時間 t に対してプロットし、人口 $p(t)$ の変化の様子を確認しましょう。

In [28]:

```
# 定数の設定
const_logistic = [{t0:0, p0:2, a:0.1, K:1000},
                  {t0:0, p0:2, a:0.2, K:1000}]
# プロットの作成
```

```
p = plot(par_sol_logistic.rhs.subs(const_logistic[0]),
         par_sol_logistic.rhs.subs(const_logistic[1]),
         (t, 0, 200), legend=True, show=False)


# 凡例の設定
p[0].label = 'a=0.1'
p[1].label = 'a=0.2'


p[0].line_color = 'b'
p[1].line_color = 'r'


p.show()
```

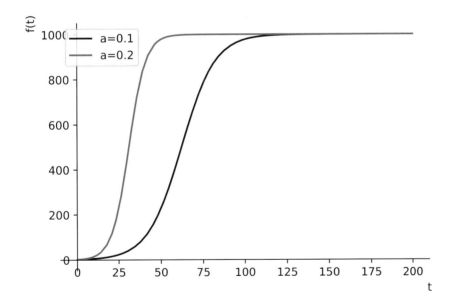

図 8.7: $p(t)$ の時間変化

ここでは $K = 1,000$ として、$a = 0.1$ と $a = 0.2$ の 2 つのケースをプロットしています。$a = 0.2$ のケースが早く $K = 1,000$ に到達していることがわかります。

8.4.3 アメリカの人口に対するフィッティング

前節で計算したロジスティック方程式の解式 (8.13) を使い、実際のデータを解析してみましょう。ここではアメリカの人口データへのフィッティングを考えます。

はじめに、アメリカの人口データのプロットを作成します。

In [29]:

```python
import numpy as np
import matplotlib.pyplot as plt
%matplotlib inline


# アメリカの人口データの読み込み
data_us_population = np.loadtxt('../data/us_population.csv',
                                    delimiter=',')


year = data_us_population[:,0]
us_pop = data_us_population[:,1] / 1000   # 百万人単位に変換


# プロットエリアの作成
fig = plt.figure(figsize=(8, 8))
ax = fig.add_subplot(111)


# プロットの作成
ax.plot(year, us_pop, marker='o', linestyle='None')
ax.set_title('Population in U.S.')
ax.set_xlabel('Year')
ax.set_ylabel('Population in million')
ax.grid()


plt.show()
```

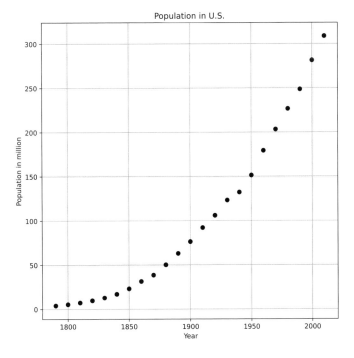

図 8.8: アメリカの人口

　次に、データへのフィッティングのステップに進みます。データへのフィッティングは、数値解析ライブラリ SciPy の curve_fit 関数を使います。curve_fit 関数を使うためにフィッティング用の関数 f を作成します。ここで、初期条件は $p(t_0) = p_0$ とします。

In [30]:

```
from scipy.optimize import curve_fit
from sympy import lambdify


# 初期条件
initial_val_logistc = {t0:year[0], p0:us_pop[0]}


# フィッティング用の関数 f の作成
f = lambdify((t,a,K),
```

```
par_sol_logistic.rhs.subs(initial_val_logistc))
```

式 (8.13) の右辺から、t、a、K を変数に持つフィッティング用の関数を作成します。このときフィッティングの x 軸となる t を第 1 変数に、フィッティングで求めるパラメータ a と K を第 2 変数と第 3 変数にします。

フィッティング用の関数の準備が完了したら、フィッティングを行います。curve_fit 関数は、curve_fit(フィッティング用の関数、x 軸データ、y 軸データ) のように使います。

In [31]:

```
# curve_fit を使用してフィッティングを実施
param, cov = curve_fit(f, year, us_pop, p0=[0.05, 400])
```

In [33]:

```
{a: param[0], K: param[1]}
```

Out[33]:

$$\{K : 369.552888618819, \quad a : 0.0267889064180667\}$$

param にフィッティング結果を、cov にフィッティング精度に相当する誤差を返します。計算結果の $K \simeq 370$ と $a \simeq 0.027$ からは、アメリカの人口は、人口増加率 0.027% で 370 百万人まで増加すると見積もることができます。

最後にフィッティング結果のプロットを作成します。

In [35]:

```
# フィッティング結果の確認
fig = plt.figure(figsize=(8, 8))
ax = fig.add_subplot(111)

ax.plot(year, us_pop, marker='o', linestyle='None')
ax.plot(year, f(year, param[0], param[1]))
```

```
ax.set_title('Population in U.S.')
ax.set_xlabel('Year')
ax.set_ylabel('Population in million')
ax.grid()

plt.show()
```

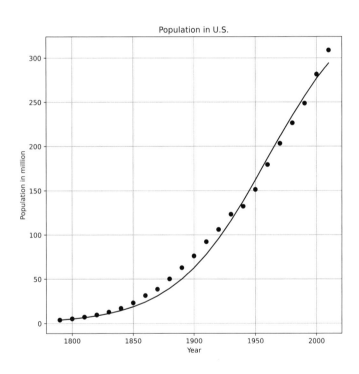

図 8.9: アメリカ人口のフィッティング

データに対してフィッティングできていることがわかります。ただし、ここで利用したモデルによるフィッティングでは人口が飽和する様子を示していますが、人口データは右肩上がりに増加しているように見えます。モデルの作成ではさまざまな要素を試行錯誤しながら取り入れる必要があります。ここでは、人口の増減を微分方程式でモデル化して、実際のデータをフィッティングしてモデルを検証する流れを示すことにとどめます。

まとめ

- 微分方程式とは、未知関数とその微分である導関数の関係性を示す方程式です。

- さまざまな自然現象のモデリングには、微分方程式を活用することができます。

- 微分方程式を解くことで自然現象を解析することができます。解析結果はさまざまな
  現象の予測などに応用することができます。

索引 | INDEX

参考文献

1. 辻真吾 (2018) 『Python スタートブック [増補改訂版]』, 技術評論社

2. 谷合廣紀 著、辻真吾 監修 (2018)『Python で理解する統計解析の基礎』, 技術評論社

3. 川野日郎・薩摩順吉・四ツ谷晶二 (2004) 『理工系の数理　微分積分＋微分方程式』, 裳華房

4. 加藤文元 (2019)『数研講座シリーズ　大学教養　微分積分』, 数研出版

5. 小中英嗣 (2016)『現象を解き明かす微分方程式の定式化と解法』, 森北出版

6. 前野昌弘 (2017)『ヴィジュアルガイド 物理数学 -多変数関数と偏微分-』, 東京図書

7. 伊藤真 (2018)『Python で動かして学ぶ！ あたらしい機械学習の教科書』, 翔泳社

8. 永野裕之 (2014)『ふたたびの 微分・積分』, すばる舎

9. 石綿夏委也 (2018)『大学 1・2 年生のためのすぐわかる微分積分』, 東京図書

10. E. ハイラー・G. ヴェンナー 著、蟹江幸博 訳 (2012)『解析教程・上』, 丸善出版

11. 伊理正夫・藤野和建 (1985)『数値計算の常識』, 共立出版

　本書で使用した日本の人口データは、「令和 2 年国勢調査結果」(総務省統計局) (https://www.stat.go.jp/data/kokusei/2020/kekka/pdf/summary_01.pdf) および、「平成 17 年国勢調査」(総務省統計局) (http://www.stat.go.jp/data/kokusei/2005/nihon/pdf/01-01.pdf) を加工して作成しました。アメリカの人口データは、各年のデータをアメリカ合衆国国勢調査局 https://www.census.gov/history/www/through_the_decades/fast_facts/ から集計し、加工して作成しました。

プロフィール

■辻真吾（つじ しんご）

1975 年東京都生まれ。東京大学工学部計数工学科数理工学コース卒業。2000 年 3 月大学院修士課程を修了後、創業間もない IT 系ベンチャー株式会社いい生活に入社し、技術担当の一人として Java を使った Web アプリ開発に従事。その後、東京大学先端科学技術研究センターゲノムサイエンス分野にもどり、生命科学と情報科学の融合分野であるバイオインフォマティクスに関する研究で、2005 年に博士（工学）を取得。現在は、同研究センターの特任准教授として勤務する傍ら、「みんなの Python 勉強会」を主催するなど、Python の普及活動にも力を入れている。

■井口和之（いぐち かずゆき）

東京都生まれ。大阪大学理学部物理学科卒業。大学院修士課程を修了後、素材メーカーにおいてマーケティングエンジニアとして活動中。Python は便利ツールとして、数式計算処理、Web データ収集やデータの解析、フィジカルコンピューティングなどさまざまなシチュエーションで活用している。

カバー・本文デザイン　　北田進吾（キタダデザイン）
編　集　高屋卓也
組版協力　加藤文明社

本書サポート：

　https://github.com/ghmagazine/python_calculus_book

技術評論社 Web サイト：

　https://gihyo.jp/book/

Python で理解 する微分積分の基礎

2022 年 5 月 11 日 初 版 第 1 刷発行

監 修 辻 真吾
著 者 井口和之
発行者 片岡 巌
発行所 株式会社技術評論社
　　　　東京都新宿区市谷左内町 21–13
　　　　電話 03-3513-6150 販売促進部
　　　　　　 03-3513-6177 雑誌編集部
印刷／製本 　株式会社加藤文明社

定価はカバーに表示してあります

［お問い合わせについて］

■本書に関するご質問は記載内容についてのみとさせていただきます。本書の範囲を超える事柄についてのお問い合わせには一切応じられませんので，あらかじめご了承ください。なお，本書についての電話によるお問い合わせはご遠慮ください。質問などがございましたら，下記までFAX または封書でお送りくださいますようお願いいたします。

〒162–0846
東京都新宿区市谷左内町 21–13
株式会社技術評論社雑誌編集部
FAX：03-3513-6177
「Python で理解する微分積分の基礎」係